低维纳米材料物性的
密度泛函理论研究

朱立砚　张婷婷　著

苏 州 大 学 出 版 社

图书在版编目(CIP)数据

低维纳米材料物性的密度泛函理论研究 / 朱立砚，张婷婷著. —苏州：苏州大学出版社，2020.11
ISBN 978-7-5672-3354-6

Ⅰ. ①低… Ⅱ. ①朱… ②张… Ⅲ. ①纳米材料－物理性能 ②密度泛函法 Ⅳ. ①TB383②O414.2

中国版本图书馆 CIP 数据核字(2020)第 204460 号

低维纳米材料物性的密度泛函理论研究

朱立砚　张婷婷　著

责任编辑　周建兰

苏州大学出版社出版发行
（地址：苏州市十梓街 1 号　邮编：215006）
宜兴市盛世文化印刷有限公司印装
（地址：宜兴市万石镇南漕河滨路 58 号　邮编：214217）

开本 787 mm×1 092 mm　1/16　印张 8　字数 166 千
2020 年 11 月第 1 版　2020 年 11 月第 1 次印刷
ISBN 978-7-5672-3354-6　定价：35.00 元

若有印装错误，本社负责调换
苏州大学出版社营销部　电话：0512-67481020
苏州大学出版社网址　http://www.sudapress.com
苏州大学出版社邮箱　sdcbs@suda.edu.cn

前　言
Preface

随着科技突飞猛进的发展,材料科学一直朝着极端方向演进,比如小尺度、轻质量、强性能等,特别在半导体领域,大规模集成电路已步入纳米尺度加工阶段,因此,用纳米尺度材料来取代传统材料已经成为当前不可逆转的趋势.纳米材料也是众多高新技术产业和先进制造业的基础,纳米材料的应用必将促进新一代纳米电子器件、信息技术和环保能源技术跨越式发展.这些潜在的广泛应用价值使得低维材料结构与物性的研究已经成为凝聚态物理、化学和材料学的热点方向.

对于低维纳米材料的研究,除了采用实验手段外,计算模拟也已经成为广泛使用的方法.相比于实验,计算模拟能够极大地降低实验试错的成本,可深化对于各种实验现象背后机理的理解,并能在此基础上预测和设计适应各种应用需求的新型低维纳米功能材料.计算模拟自20世纪40年代美国的"曼哈顿"计划开始,伴随着高性能计算服务器和各种数值计算算法的进步,其已经成为理论和实验之外的第三大类研究手段.

具体到低维材料领域,密度泛函理论已经成为最广泛使用的预测低维纳米材料物理和化学性质的方法.密度泛函理论起源于 Kohn 等人于 1964 年起首次提出的 Hohenberg-Kohn 定理,以电荷密度作为变量来描述系统的各种相互作用能量,后历经大量科研工作的发展和完善,已经能够精确描述材料的几何结构、电子结构、磁性质、晶格动力学性质、光学性质和催化性质等多个方面的物理和化学性质.

鉴于此背景,本书着重介绍了密度泛函理论的基本原理和概念,并从力学性质、几何结构预测、电子性质、磁性质、晶格动力学、热输运性质和低能有效哈密顿模型构建方面系统地展示密度泛函理论在研究低维纳米材料物理和化学性质中的应用.本书体系相对完整,能够帮助从事计算模拟学习和科研的师生迅速了解该理论的原理和应用,并在此基础上开展研究工作.

本书的出版得到了淮阴师范学院物理与电子电气工程学院学科建设经费的资助.全书由朱立砚和张婷婷共同撰写,本书在撰写过程中得到了陈贵宾院长等学院领导和同事的帮助,感谢东南大学王金兰教授、韩国蔚山科学技术院(UNIST)丁峰教授、美国科罗拉多大学博尔德分校李保文教授、新加坡科技设计大学杨声远教授、新加坡高性能计算所张刚教授和杨硕望研究员等师长和朋友对于相关研究工作的指导和帮助,同时也向参阅的书籍和文献的作者一并致以衷心的感谢.

由于作者水平有限,本书必定会有不少缺点甚至错误,望读者不吝指正.

朱立砚　张婷婷

2020 年 4 月于淮安

低维纳米材料概述

本章主要阐述了低维纳米材料的发展概况,介绍了低维纳米材料的概念、低维纳米材料优越的物理和化学性质以及潜在应用价值.

1.1 低维纳米材料的定义

低维纳米材料通常是指一个或多个维度的尺寸在 1～100 nm 之间的材料.欧盟委员会对于纳米材料的严格定义是:纳米材料是一种由基本颗粒组成的粉状或团块状天然或人工材料,这一基本颗粒的一个或多个维度的尺寸在 1～100 nm 之间,并且这一基本颗粒的总数量在整个材料的所有颗粒总数中占 50% 以上[1].具体来说,当三维空间中的材料有三个、两个或者一个维度的尺寸在 1～100 nm 之间时分别称为零维、一维和二维纳米材料.比如,纳米团簇、量子点等通常被看作零维纳米材料.而一维纳米材料则包括纳米管、纳米线、纳米条带等.二维纳米材料通常指纳米薄膜(或者薄片),典型的二维纳米材料是近期引起广泛关注的石墨烯,它仅仅具有单原子层的厚度,是迄今发现的最薄的材料[2].

1.2 低维纳米材料独特的物理性质和应用

当材料某些维度的尺寸减小到纳米尺度时,量子力学所引起的效应开始占据支配地位,比如表面效应、量子尺寸效应、量子限域效应和宏观量子隧穿效应等,这些在普通块体材料中通常很微弱甚至观察不到的效应给传统的技术和应用带来了新的挑战,同时也带来了新的机遇.这里我们主要关注量子尺寸效应和量子限域效应对于低维材料的力学性质、电子性质和磁性质的影响.量子尺寸效应通常指低维纳米材料表现出随尺寸变化而变化的结构、电子性质、磁性质、催化活性等物理和化学性质.比如,金块体中金原子通常以密堆结构排列,而对于零维的金纳米团簇,随着尺寸的减小,金原子倾向于呈平面排列[3];二维 Pb(111)薄膜对于氧的吸附和反应活性表现出随着薄膜厚度增加而震荡的特点[4].化学性质方面,金块体的化学性质是比较惰性的,而小尺寸的零维金纳米团簇则具有较高的化学活性并能催化一氧化碳的氧化[5].量子限域效应是指低维纳米结构在某些维度上受到限制后使得电子运动受到限域,从而产生的新的现象.典型的例子是一维纳米线随着直径的减小,其电导率不再连续变化,而出现量子化的电导,这是由于电子做横向运动,受到限域所导致的[6].另外,当二维石墨烯被切割为一维纳米条带后,由于边界对电子运动的限制,石墨烯纳米条带的带隙会出现随着宽度增加而逐渐减小的现象[7].

上述这些量子效应的存在使得低维纳米材料表现出特殊的力学性质、电子性质、磁性质和光学性质.

1. 力学性质

一些低维纳米材料具有优异的力学强度、韧性和塑性,典型的例子是一维碳纳米管,碳纳米管的杨氏模量大约为 1 TPa,而轴向拉伸强度高达 100 GPa[8].相比之下,常用的钢材料杨氏模量大约为 200 GPa,轴向拉伸强度只有 0.38~1.55 GPa[9].因而我们可以利用碳纳米管来增强其他材料的力学强度和韧性,比如,可以用来增韧高分子聚合物、金属和陶瓷等材料.另外,实验上已经可以将碳纳米管纤维的力学强度提高到 1~10 GPa[10,11].此外,碳纳米管还具有超高的塑性,被拉伸了 280% 后仍然能够保持较完好的管状结构[12].对于二维的碳纳米材料——石墨烯,它具有与一维碳纳米管类似的面内拉伸强度,然而其面外弯曲强度则非常小,再加上其很高的光透过率和超高的载流子迁移率,石墨烯可以用来制造柔性的显示屏和透明电极[13].

2. 电子性质

由于前面提到的量子尺寸效应和量子限域效应的影响,低维纳米材料通常具有随尺寸变化和可以调节的电子性质,甚至当有些低维纳米材料的尺寸降低到某一临界值时,其导电性质会发生转变:由导体转变为半导体,或者由半导体转变为导体.另外,电子信息技术的发展迫切需要高速、低功耗、小型化和高集成度的电子器件,这使得低维纳米材料成为电子器件制备的首要选择,实验上也已经实现了基于单壁碳纳米管[14]和石墨烯[15]的场效应晶体管和逻辑门以及基于分子的分子开关、分子整流器和分子存储器等基本电子元器件.

3. 磁性质

一些没有磁性的块体材料在纳米尺度下通常会产生磁性,出现随着尺寸可以调节的磁矩,磁各向异性能会显著增大.比如,三维的石墨和二维的石墨烯都是没有磁性的,但是将二维石墨烯沿着锯齿方向切割成一维的纳米条带后,锯齿形的边界处碳原子是铁磁性耦合的,并且总磁矩随着纳米条带宽度的增加而逐渐增大[16].另外,沉积于 Pt 表面台阶处的一维 Co 单原子链的磁各向异性能显著增大[17].

4. 光学性质

由于量子尺寸效应和量子限域效应的存在,导致原先连续的能级分立,从而使得低维纳米材料的禁带宽度变大,因此其吸收和光致发光谱相也会相对于体相材料发生蓝移[18].此外,利用一维纳米线平滑的端面作为光学共振腔,还可以制备纳米激光发射器[19].

优异的力学性质、电子性质、磁性质和光学性质等特性使得低维纳米材料在材料、能源、电子、医药和生物等多个领域存在着广泛的潜在应用前景,也必将给这些行业带来革命性的变革.然而,纳米材料的奇异性质通常与具体的微观结构有直接的关系,因此,必须从微观角度系统地理解影响纳米材料的力学性质、电子性质和磁性质等物理性质的因素,并在此基础上设计出新型的低维功能纳米材料,拓宽纳米材料的应用领域,这些对于纳米材料的应用具有非常重要的意义.

1.3　计算模拟研究的意义及主要研究内容

随着科技的迅速进步,工业应用对于各种高性能、高强度的低维纳米材料提出了要求.为满足大规模应用对于高质量和高性能材料日益增大的需求,迫切需要深化对于低维纳米材料结构和性能的理解.近一个世纪以来,电子计算机技术、软件和算法领域均已取得突飞猛进的发展,比如中国的超级计算机"神威·太湖之光"2016 至 2018 年期间一直位列超算 TOP500 榜单的第一名.硬件和软件的进步使得材料计算模拟的发展变得日趋重要,也是各国重点支持的研究方向之一.

对于低维纳米材料的计算模拟研究,可以加深对于材料物性的机理研究,使得研究从定性走向定量.借助物理学基础理论(量子力学)的突破、描述过程的数理模型的建立、计算机能力的发展,新材料研制逐步从半经验估计推进到定量设计、预测和控制的更为科学的阶段.计算模拟研究也能够为各种新材料的研发减少试错成本,并提供理论基础和实验指导.目前各个新兴技术领域,如超大规模集成电路、纳电子学以及自旋电子学材料等均需要对半导体、薄膜、纳米管和纳米线等低维纳米材料开展模拟和预测,为实验表征和现象理解提供科学依据.

低维纳米材料的结构和物性研究是多个交叉学科探索的前沿热点问题,比如凝聚态物理、材料物理和化学等学科.目前低维纳米材料的计算模拟领域最成功的方法就是基于密度泛函理论的第一性原理计算,该方法能够非常精确地获得材料的各种物理和化学性质,比如几何结构参数、结合能和内聚能、力学性质、电子性质、磁性质以及生长机理.它能够为众多实验现象提供准确的理论解释,也成功预测了很多新奇的低维纳米结构和新颖的物理和化学现象.计算模拟也能够探索低维纳米材料微观结构与物理和化学性质之间的关系,并在此基础上设计和改良新型功能纳米材料,这对于开拓其应用潜力具有非常重要的意义.

鉴于此,本书拟介绍密度泛函理论在研究低维纳米材料各种物理和化学性质中的应用,以一些典型一维和二维纳米材料为例,从理论角度对其力学、几何结构、电子性质、磁性质和低能有效模型构建等方面加以详细归纳、总结.

参考文献

[1] European Commission. COMMISSION RECOMMENDATION on the definition of nanomaterial [EB/OL]. Brussels：European Commission，2011. https：// ec. europa. eu/environment/chemicals/nanotech/pdf/commission _ recommendation. pdf.

[2] Novoselov K S，Geim A K，Morozov S V，et al. Electric field effect in atomically thin carbon films[J]. Science，2004，306(5696)：666－669.

[3] Gilb S，Weis P，Furche F，et al. Structures of small gold cluster cations (Au，$n <$ 14)：Ion mobility measurements versus density functional calculations [J]. J Chem Phys，2002，116(10)：4094－4101.

[4] 马旭村，姜鹏，宁艳晓，等. 金属薄膜表面化学反应活性中的量子尺寸效应 [J]. 物理学进展，2008，28(2)：146－157.

[5] Valden M，Lai X，Goodman D W. Onset of catalytic activity of gold clusters on titania with the appearance of nonmetallic properties[J]. Science，1998，281(5383)：1647－1650.

[6] Hanson G W. Fundamentals of nanoelectronics [M]. New Jersey：Pearson/Prentice Hall，2008.

[7] Son Y W，Cohen M L，Louie S G. Energy gaps in graphene nanoribbons [J]. Phys Rev Lett，2006，97(21)：216803－216806.

[8] Yakobson B I，Brabec C J，Bernholc J. Nanomechanics of carbon tubes：instabilities beyond linear response[J]. Phys Rev Lett，1996，76(14)：2511－2514.

[9] Wang W，Li M，He C，et al. Experimental study on high strain rate behavior of high strength 600－1000 MPa dual phase steels and 1200 MPa fully martensitic steels[J]. Materials & Design，2013，47(1)：510－521.

[10] Ma W，Liu L，Yang R，et al. Monitoring a micromechanical process in macroscale carbon nanotube films and fibers [J]. Adv Mater，2009，21(5)：603－608.

[11] Koziol K，Vilatela J，Moisala A，et al. High-performance carbon nanotube fiber[J]. Science，2007，318(5858)：1892－1895.

[12] Huang J Y，Chen S，Wang Z Q，et al. Superplastic carbon nanotubes [J]. Nature，2006，439(7074)：281.

[13] Bae S，Kim H，Lee Y，et al. Roll-to-roll production of 30 inch graphene films for transparent electrodes[J]. Nature Nanotechnology，2010，5(8)：574－578.

[14] Chen Z，Appenzeller J，Lin Y M，et al. An integrated logic circuit

assembled on a single carbon nanotube[J]. Science, 2006, 311(5768): 1735.

[15] Lin Y M, Dimitrakopoulos C, Jenkins K A, et al. 100 GHz transistors from wafer-scale epitaxial graphene[J]. Science, 2010, 327(5966): 662.

[16] Pisani L, Chan J A, Montanari B, et al. Electronic structure and magnetic properties of graphitic ribbons[J]. Phys Rev B, 2007, 75(6): 064418 – 064426.

[17] Gambardella P, Dallmeyer A, Malti K, et al. Ferromagnetism in one-dimensional monatomic metal chains[J]. Nature, 2002, 416(6878): 301 – 304.

[18] Zhang J Z. Optical properties and spectroscopy of nanomaterials[M]. Singapore: World Scientific Pub, 2009.

[19] Johnson J C, Choi H J, Knutsen K P, et al. Single gallium nitride nanowire lasers[J]. Nat Mater, 2002, 1(2): 106 – 110.

第 2 章

密度泛函理论

本章主要阐述了密度泛函理论的基本原理. 首先, 介绍了低维纳米材料的性质和应用; 其次, 介绍了电子结构计算中常用的波恩-奥本海默 (Born-Oppenheimer) 近似和单电子近似; 再次, 介绍了密度泛函理论的发展以及电子结构中常用的两种波函数展开方法; 最后, 介绍了常用的基于密度泛函理论的电子结构计算软件包.

2.1 多体哈密顿量与波恩-奥本海默近似

要研究由多个电子和原子核组成的体系的电子结构, 严格来说, 需要求解下面的多体薛定谔方程[1−4]:

$$H\Psi(\{\boldsymbol{R}_I; \boldsymbol{r}_i\}) = E\Psi(\{\boldsymbol{R}_I; \boldsymbol{r}_i\}) \tag{2.1-1}$$

其中, $\boldsymbol{r}_i$ 表示电子的坐标, $\boldsymbol{R}_I$ 表示核的坐标, H 是整个体系的哈密顿, Ψ 是整个体系的多体波函数, E 是体系的本征能量.

非相对论近似下体系的哈密顿量 H 可以写成如下形式[4]:

$$H = H_e + H_N + H_{e\text{-}N} \tag{2.1-2}$$

方程右端分别为电子之间、核之间以及电子-核之间的相互作用能. 电子之间的相互作用能如下式所示:

$$H_e = -\sum_i \frac{\hbar^2}{2m}\nabla_{\boldsymbol{r}_i}^2 + \frac{1}{2}\sum_{i,j(i\neq j)}\frac{e^2}{|\boldsymbol{r}_i - \boldsymbol{r}_j|} \tag{2.1-3}$$

前一项为电子的动能, 后一项表示电子之间的排斥势能. 对于分别处于 $\boldsymbol{r}_i$ 和 $\boldsymbol{r}_j$ 处的电子, 排斥势能为 $\frac{e^2}{|\boldsymbol{r}_i - \boldsymbol{r}_j|}$, 求和遍及所有电子对. 核之间以及电子-核之间的相互作用能分别为

$$H_N = -\sum_i \frac{\hbar^2}{2M_I}\nabla_{\boldsymbol{R}_I}^2 + \frac{1}{2}\sum_{I,J(I\neq J)}\frac{Z_I Z_J e^2}{|\boldsymbol{R}_I - \boldsymbol{R}_J|} \tag{2.1-4}$$

$$H_{e\text{-}N} = -\sum_{i,I}\frac{Z_I e^2}{|\boldsymbol{r}_i - \boldsymbol{R}_I|} \tag{2.1-5}$$

对于固体, 比如 Si, 每立方米中含有约 5×10^{28} 个原子核和 7×10^{29} 个电子, 直接求解如此多变量的方程是不切实际的, 因而迫切需要采用一些近似来简化严格的多体薛定谔方程.

最常用的近似是波恩-奥本海默近似,又称绝热近似,最早于 1927 年提出[5].波恩-奥本海默近似假设电子的波函数仅仅与核的位置有关,而与核的速度等其他因素近似无关.这是因为电子的质量大约为质子质量的 1/1 836[6],因而可以认为核的运动相对于电子的运动是非常慢的,快速的电子运动能够不断适应原子核位置的改变以达到平衡态.因此,可以将电子的运动与原子核的运动分离,原子核在平均化的电子势场中运动[4,7,8].

引入波恩-奥本海默近似后,多体波函数可以写为[1]

$$\Psi(\{\boldsymbol{R}_I;\boldsymbol{r}_i\})=\Psi_e(\{\boldsymbol{r}_i\},\{\boldsymbol{R}_I\})\Psi_N(\{\boldsymbol{R}_I\}) \tag{2.1-6}$$

多体薛定谔方程可进一步分离为

$$(H_e+H_{e\text{-}N})\Psi_e(\{\boldsymbol{r}_i\},\{\boldsymbol{R}_I\})=E(\{\boldsymbol{R}_I\})\Psi_e(\{\boldsymbol{r}_i\},\{\boldsymbol{R}_I\}) \tag{2.1-7a}$$

$$H_N\Psi_N(\{\boldsymbol{R}_I\})=E_N\Psi_N(\{\boldsymbol{R}_I\}) \tag{2.1-7b}$$

其中,Ψ_N 是描述原子核的波函数,仅与原子核的坐标 $\boldsymbol{R}_I$ 有关;Ψ_e 为电子的多体波函数,$\boldsymbol{R}_I$ 仅仅是作为参数出现.

前面通过引入波恩-奥本海默近似,将电子运动与核运动耦合的多体薛定谔方程分离为多电子薛定谔方程:

$$\left(-\sum_i\frac{\hbar^2}{2m}\nabla_{r_i}^2+\frac{1}{2}\sum_{i,j(i\neq j)}\frac{e^2}{|\boldsymbol{r}_i-\boldsymbol{r}_j|}-\sum_{i,I}\frac{Z_Ie^2}{|\boldsymbol{r}_i-\boldsymbol{R}_I|}\right)\Psi_e(\{\boldsymbol{r}_i\},\{\boldsymbol{R}_I\})$$
$$=E(\{\boldsymbol{R}_I\})\Psi_e(\{\boldsymbol{r}_i\},\{\boldsymbol{R}_I\}) \tag{2.1-8}$$

虽然此方程中的变量已经大大减少,但是固体中每立方米体积中电子数量级约 10^{29},因而仍然无法直接求解,需要进一步引入单电子近似.

多电子的哈密顿可以进一步分为单体和两体项:

$$H=\sum_i h_i+\sum_{i,j(i\neq j)} h_{ij} \tag{2.1-9a}$$

$$h_i=-\frac{\hbar^2}{2m}\nabla_{r_i}^2-\sum_I\frac{Z_Ie^2}{|\boldsymbol{r}_i-\boldsymbol{R}_I|} \tag{2.1-9b}$$

$$h_{ij}=\frac{1}{2}\frac{e^2}{|\boldsymbol{r}_i-\boldsymbol{r}_j|} \tag{2.1-9c}$$

首先忽略哈密顿中的两体项,即假设电子之间没有相互作用,那么多电子波函数可以改写为单电子波函数的连乘形式:

$$H=\sum_i h_i \tag{2.1-10a}$$

$$\Psi_e^H(\{\boldsymbol{r}_i\},\{\boldsymbol{R}_I\})=\prod_i\varphi_i(\boldsymbol{r}_i) \tag{2.1-10b}$$

这种连乘形式的波函数称为 Hartree 积.可得到单电子满足的薛定谔方程:

$$h_i\varphi_i(\boldsymbol{r}_i)=\varepsilon_i\varphi_i(\boldsymbol{r}_i) \tag{2.1-11}$$

以这种 Hartree 积作为试探波函数,体系的总能量可以写成:

$$E=\langle\Psi_e^H\mid H\mid\Psi_e^H\rangle$$

$$= \left\langle \Psi_e^H \left| \left(-\sum_i \frac{\hbar^2}{2m} \nabla_{r_i}^2 + \frac{1}{2} \sum_{i,j(i \neq j)} \frac{e^2}{|r_i - r_j|} - \sum_{i,I} \frac{Z_I e^2}{|r_i - R_I|} \right) \right| \Psi_e^H \right\rangle$$

$$= \sum_i \left\langle \varphi_i \left| \left(-\frac{\hbar^2}{2m} \nabla_{r_i}^2 - \frac{Z_I e^2}{|r_i - R_I|} \right) \right| \varphi_i \right\rangle + \frac{1}{2} \sum_{i,j(i \neq j)} \left\langle \varphi_i \varphi_j \left| \frac{e^2}{|r_i - r_j|} \right| \varphi_i \varphi_j \right\rangle$$

$$(2.1-12)$$

通过变分方法,得到单电子 Hartree 方程:

$$\left(-\frac{\hbar^2}{2m} \nabla_{r_i}^2 - \frac{Z_I e^2}{|r_i - R_J|} + \sum_{j(j \neq i)} \left\langle \varphi_j \left| \frac{e^2}{|r_i - r_j|} \right| \varphi_j \right\rangle \right) |\varphi_i\rangle = \varepsilon_i |\varphi_i\rangle$$

$$(2.1-13)$$

式中,ε_i 为拉格朗日乘子. 在求解此方程得到 $|\varphi_i\rangle$ 时,必须先知道所有的 $|\varphi_j\rangle (j \neq i)$,因而这个方程必须通过自洽迭代方法求解.

2.2　Hartree-Fock 方程

用上述方法得到的 Hartree 积显然不能够满足费米子波函数具有交换反对称性的要求. 为了满足此要求,可以将 Hartree 积反对称化后的波函数作为初始猜测波函数,即 Slate 行列式:

$$\Psi_e^S = \frac{1}{\sqrt{N!}} \begin{vmatrix} \varphi_1(r_1) & \varphi_2(r_1) & \cdots & \varphi_N(r_1) \\ \varphi_1(r_2) & \varphi_2(r_2) & \cdots & \varphi_N(r_2) \\ \vdots & \vdots & & \vdots \\ \varphi_1(r_N) & \varphi_2(r_N) & \cdots & \varphi_N(r_N) \end{vmatrix} = |\varphi_1, \varphi_2, \cdots, \varphi_N\rangle \quad (2.2-1)$$

假设 $|\varphi_i\rangle$ 是正交归一的,以 Slate 行列式作为初始试探波函数,体系能量的期望值为

$$E = \langle \Psi_e^S | H | \Psi_e^S \rangle$$

$$= \left\langle \Psi_e^S \left| \left(-\sum_i \frac{\hbar^2}{2m} \nabla_{r_i}^2 + \frac{1}{2} \sum_{i,j(i \neq j)} \frac{e^2}{|r_i - r_j|} - \sum_{i,I} \frac{Z_I e^2}{|r_i - R_I|} \right) \right| \Psi_e^S \right\rangle$$

$$= \sum_i \left\langle \varphi_i \left| \left(-\frac{\hbar^2}{2m} \nabla_{r_i}^2 - \frac{Z_I e^2}{|r_i - R_I|} \right) \right| \varphi_i \right\rangle +$$

$$\frac{1}{2} \sum_{i,j(i \neq j)} \left\langle \varphi_i \varphi_j \left| \frac{e^2}{|r_i - r_j|} \right| \varphi_i \varphi_j \right\rangle - \frac{1}{2} \sum_{i,j(i \neq j)} \left\langle \varphi_i \varphi_j \left| \frac{e^2}{|r_i - r_j|} \right| \varphi_j \varphi_i \right\rangle \quad (2.2-2)$$

通过变分可以得到单电子 Hartree-Fock 方程:

$$\left(-\frac{\hbar^2}{2m} \nabla_{r_i}^2 - \frac{Z_I e^2}{|r_i - R_I|} + \sum_{j(j \neq i)} \left\langle \varphi_j \left| \frac{e^2}{|r_i - r_j|} \right| \varphi_j \right\rangle \right) |\varphi_i\rangle$$

$$- \sum_{j(j \neq i)} \left\langle \varphi_j \left| \frac{e^2}{|r_i - r_j|} \right| \varphi_i \right\rangle |\varphi_j\rangle = \varepsilon_i |\varphi_i\rangle \quad (2.2-3)$$

相比于前面得到的 Hartree 方程,这里多出了一项 $\sum_{j(j \neq i)} \left\langle \varphi_j \left| \frac{e^2}{|r_i - r_j|} \right| \varphi_i \right\rangle |\varphi_j\rangle$,这

一项被称为交换项,来自费米子交换反对称效应.类似于 Hartree 方程,在求解此方程得到 $|\varphi_i\rangle$ 时,也必须先知道所有的 $|\varphi_j\rangle(j\neq i)$,因而这个方程同样需要自洽迭代求解[3].

2.3 密度泛函理论

2.3.1 Thomas-Fermi-Dirac 模型

如前所述,以 Slate 行列式作为波函数可以得到单电子的 Hartree-Fock 方程.但是如果体系电子较多时(比如 DNA 分子等),Slate 行列式将变得非常庞大.对于有 N 个电子的体系,波函数将具有 $3N$ 个变量(不考虑自旋),使得 Hartree-Fock 方程无法求解.另外,Hartree-Fock 方程的最大缺点就是它没有考虑关联能,即便使用再大的基组,也无法克服这个困难.密度泛函理论以电子密度为变量,取代波函数作为基本对象,来研究多粒子体系基态性质.而电子密度是三维空间坐标的函数,仅有三个变量(不考虑自旋的情况下),使得问题大大简化[4,7,9].

密度泛函理论的概念起源于由 Thomas[10] 和 Fermi[11] 于 1927 年各自独立提出的以电子密度为变量来描述体系的想法.均匀电子气模型中,电子不受外力作用,彼此之间也无相互作用,它们的运动取决于核电荷与这些电子分布的势场.从统计角度来看,电子的动能可以表示成电子密度的泛函,并加上用原子核-电子和电子-电子相互作用的经典表达来计算的原子的能量,这样含 N 个电子体系的能量可写为

$$E[\rho] = T[\rho] + \int \rho(\boldsymbol{r})V(\boldsymbol{r})\mathrm{d}\boldsymbol{r} + V_{ee}[\rho] \tag{2.3-1}$$

式中,$T[\rho]$ 是动能;右边第二项是核与电子的相互作用势;$V_{ee}[\rho]$ 是电子间库仑作用能.

经过简单的推导(具体推导过程见参考文献[7,8]),可以得到电子的动能为

$$T[\rho] = C_F \int \rho^{\frac{5}{3}}(\boldsymbol{r})\mathrm{d}\boldsymbol{r} \tag{2.3-2}$$

式中,$C_F = 0.3(3\pi^2)^{2/3} = 2.871$.这样体系的总能量可以表示成

$$E_{TF}[\rho] = C_F \int \rho^{\frac{5}{3}}(\boldsymbol{r})\mathrm{d}\boldsymbol{r} + \int \rho(\boldsymbol{r})V(\boldsymbol{r})\mathrm{d}\boldsymbol{r} + \frac{1}{2}\iint \frac{\rho(\boldsymbol{r}_1)\rho(\boldsymbol{r}_2)}{|\boldsymbol{r}_1 - \boldsymbol{r}_2|}\mathrm{d}\boldsymbol{r}_1\mathrm{d}\boldsymbol{r}_2 \tag{2.3-3}$$

1930 年,Dirac 在 Thomas-Fermi 模型的基础上,提出了 Thomas-Fermi-Dirac 模型.Dirac 采用了 Thomas-Fermi 模型的 $T[\rho]$ 项,对 $V_{ee}[\rho]$ 增加了电子相互交换能,这样电子相关能可表示为库仑能与交换能之和,即

$$V_{ee}[\rho] = J[\rho] - K[\rho] \tag{2.3-4}$$

Dirac 交换能为 $K[\rho] = C_x \int \rho^{\frac{4}{3}}(\boldsymbol{r})\mathrm{d}\boldsymbol{r}$,$C_x = 0.7386$.加入交换能后,体系的总能量可以转换为

$$E_{\text{TFD}}[\rho] = C_F \int \rho^{\frac{5}{3}}(\boldsymbol{r}) \, \mathrm{d}\boldsymbol{r} + \int \rho(\boldsymbol{r}) V(\boldsymbol{r}) \, \mathrm{d}\boldsymbol{r} + J[\rho(\boldsymbol{r})] - C_x \int \rho^{\frac{4}{3}}(\boldsymbol{r}) \, \mathrm{d}\boldsymbol{r} \quad (2.3\text{-}5)$$

Thomas-Fermi-Dirac 模型对于大多数体系给出的结果都比较差,原因主要来自动能和交换能中的误差以及对电子相关作用的忽略.随后几十年,许多学者尝试了各种模型来提高其计算精度,但效果一直不理想.尽管 Thomas-Fermi-Dirac 模型很粗糙,但它第一次将电子动能明确地以电子密度形式表示,因而具有非常重要的意义[7,8].

2.3.2 Hohenberg-Kohn 定理

密度泛函理论的基础是建立在 Hohenberg 和 Kohn 关于均匀电子气理论的基础上的,它可归结为两个基本定理[9],这两个定理有多种表述,这里采用参考文献[12]的表述:

定理一:处于外势 $V(\boldsymbol{r})$ 中的不计自旋的电子体系,其外势 $V(\boldsymbol{r})$ 由电子密度唯一决定(可相差一个常数).

定理二:对于给定的外势,体系基态能量等于能量泛函的最小值.

定理一的核心是:一旦给定了 $V(\boldsymbol{r})$,系统的基态电子密度也就相应地被确定了;反过来,对于给定的 $\rho(\boldsymbol{r})$,将唯一确定外势 $V(\boldsymbol{r})$.定理一的证明如下[1]:假设两个不同的外势场 V 和 V' 对应相同的电子密度,E 和 ψ 分别是体系哈密顿 H 基态的本征能量和基态波函数,而 E' 和 ψ' 分别是体系哈密顿 H' 基态的本征能量和基态波函数,即

$$E = \langle \psi | H | \psi \rangle \qquad (2.3\text{-}6a)$$

$$E' = \langle \psi' | H | \psi' \rangle \qquad (2.3\text{-}6b)$$

那么

$$E < \langle \psi' | H | \psi' \rangle = \langle \psi' | H' + V - V' | \psi' \rangle = E' + \langle \psi' | V - V' | \psi' \rangle \quad (2.3\text{-}7a)$$

$$E' < \langle \psi | H' | \psi \rangle = \langle \psi | H - (V - V') | \psi \rangle = E - \langle \psi | (V - V') | \psi \rangle \quad (2.3\text{-}7b)$$

两式相加,得到

$$E + E' < E' + E + \langle \psi' | V - V' | \psi' \rangle - \langle \psi | (V - V') | \psi \rangle \quad (2.3\text{-}8)$$

然而

$$\langle \psi' | V - V' | \psi' \rangle - \langle \psi | (V - V') | \psi \rangle = \int \rho(\boldsymbol{r})(V - V') \, \mathrm{d}\boldsymbol{r} - \int \rho(\boldsymbol{r})(V' - V) \, \mathrm{d}\boldsymbol{r} = 0$$
$$(2.3\text{-}9)$$

这样得到 $E + E' < E' + E$,这显然是错误的,因而定理一得证.

外势场决定了波函数,这样波函数 Ψ 也是电子密度的单一泛函.假设哈密顿量中动能和电子之间的排斥能分别为 T 和 U,那么这两项的期望值也是电子密度的泛函,即

$$F[\rho(\boldsymbol{r})] = \langle \psi | T + U | \psi \rangle \qquad (2.3\text{-}10)$$

体系的总能量为

$$E = \langle \Psi | H | \Psi \rangle = \langle \Psi | (T+U+V) | \Psi \rangle = F[\rho(\boldsymbol{r})] + \langle \Psi | V | \Psi \rangle$$

$$= F[\rho(\boldsymbol{r})] + \int \rho(\boldsymbol{r}) V(\boldsymbol{r}) \mathrm{d}\boldsymbol{r} \tag{2.3-11}$$

由于 T 和 U 的形式对于任何材料都是一样的,这个值将只依赖于电子密度,不同材料的差异体现在外势场 V 的不同.

定理二给出了密度泛函理论的变分法,在粒子数不变的情况下能量泛函对电子密度的变分就得到系统的基态的能量,这是密度泛函理论实际应用的基础[4].

2.3.3 Kohn-Sham 方程

前面已经将系统的基态能量表示为下列泛函形式:

$$E = F[\rho(\boldsymbol{r})] + \int \rho(\boldsymbol{r}) V(\boldsymbol{r}) \mathrm{d}\boldsymbol{r} \tag{2.3-12}$$

其中,

$$F[\rho(\boldsymbol{r})] = T[\rho(\boldsymbol{r})] + U[\rho(\boldsymbol{r})] \tag{2.3-13a}$$

$$T[\rho(\boldsymbol{r})] = \langle \psi | T | \psi \rangle \tag{2.3-13b}$$

$$U[\rho(\boldsymbol{r})] = \langle \psi | U | \psi \rangle \tag{2.3-13c}$$

接下来假设相互作用的电子体系的基态密度 $\rho(\boldsymbol{r})$ 写成下列 N 个独立的轨道贡献:$\rho(\boldsymbol{r}) = \sum_i |\varphi_i(\boldsymbol{r})|^2$,其中 $\varphi_i(\boldsymbol{r})(i=1,2,\cdots,N)$ 构成正交归一的完备函数组,这里引入的单电子近似仅仅需要保证其密度与基态密度相同即可,所以严格说来,它除了计算电子概率密度外没有其他物理意义[1].

对于相互作用体系的动能泛函仍然是未知的,参考具有相同电子密度的无相互作用体系的动能项:

$$T_0[\rho(\boldsymbol{r})] = \sum_i \int \mathrm{d}\boldsymbol{r} \varphi_i^*(\boldsymbol{r}) \left(-\frac{\hbar^2}{2m} \nabla_{r_i}^2 \right) \varphi_i(\boldsymbol{r}) = \sum_i \left\langle \varphi_i(\boldsymbol{r}) \left| -\frac{\hbar^2}{2m} \nabla_{r_i}^2 \right| \varphi_i(\boldsymbol{r}) \right\rangle \tag{2.3-14}$$

另外,电子之间相互作用项的主要部分为无相互作用体系的直接库仑作用项:

$$V_H[\rho(\boldsymbol{r})] = \frac{1}{2} \int \mathrm{d}\boldsymbol{r} \mathrm{d}\boldsymbol{r}' \rho(\boldsymbol{r}) \frac{e^2}{|\boldsymbol{r}-\boldsymbol{r}'|} \rho(\boldsymbol{r}') = \frac{1}{2} \sum_{i,j} \left\langle \varphi_i \varphi_j \left| \frac{e^2}{|\boldsymbol{r}-\boldsymbol{r}'|} \right| \varphi_i \varphi_j \right\rangle \tag{2.3-15}$$

将 $T[\rho(\boldsymbol{r})]$ 和 $U[\rho(\boldsymbol{r})]$ 与 $T_0[\rho(\boldsymbol{r})]$ 和 $V_H[\rho(\boldsymbol{r})]$ 的所有差别统统归入 $E_{xc}[\rho]$ 中,这样仅剩下 $E_{xc}[\rho]$ 是未知的.

这时体系的总能量可改写为

$$E[\rho(\boldsymbol{r})] = T_0[\rho(\boldsymbol{r})] + V_H[\rho(\boldsymbol{r})] + E_{xc}[\rho(\boldsymbol{r})] + \int \rho(\boldsymbol{r}) V(\boldsymbol{r}) \mathrm{d}\boldsymbol{r}$$

$$= \sum_i \left\langle \varphi_i \left| -\frac{\hbar^2}{2m} \nabla^2 \right| \varphi_i \right\rangle + \frac{1}{2} \sum_{ij(i \neq j)} \left\langle \varphi_i \varphi_j \left| \frac{e^2}{|\boldsymbol{r}_i - \boldsymbol{r}_j|} \right| \varphi_i \varphi_j \right\rangle + E_{xc}[\rho] + \int \rho(\boldsymbol{r}) V(\boldsymbol{r}) \mathrm{d}\boldsymbol{r}$$

$$\tag{2.3-16}$$

其中，$E_{xc}[\rho(r)]$ 称为交换关联能泛函，它的定义为

$$E_{xc}[\rho(r)] = F[\rho(r)] - T_0[\rho(r)] - V_H[\rho(r)] =$$
$$(T[\rho(r)] - T_0[\rho(r)]) + (U[\rho(r)] - V_H[\rho(r)]) \qquad (2.3\text{-}17)$$

能量泛函对电子密度 $\rho(r)$ 的变分可以转换为对 N 个轨道做变分，变分的约束条件是波函数 $\varphi_i(r)$ $(i=1,2,\cdots,N)$ 的正交归一性，即总粒子数守恒：

$$N = \int \rho(r)\mathrm{d}r = \int \sum_i \varphi_i^*(r)\varphi_i(r)\mathrm{d}r \qquad (2.3\text{-}18)$$

通过变分法，可得到如下单电子方程：

$$\left[-\frac{\hbar^2}{2m}\nabla^2 + V_{eff}(r,\rho(r))\right]\varphi_i(r) = \varepsilon_i\varphi_i(r) \qquad (2.3\text{-}19)$$

这个单电子方程即为 Kohn-Sham 方程[13]，相当于在有效势 $V_{eff}(r)$ 中的独立电子运动方程，相应的单电子轨道 $\varphi_i(r)$ 被称为 Kohn-Sham 轨道. 单电子方程中有效势 V_{eff} 为

$$V_{eff}(r,\rho(r)) = V(r) + \int \frac{e^2\rho(r')}{|r-r'|}\mathrm{d}r' + \frac{\delta E_{xc}[\rho(r)]}{\delta\rho(r)} \qquad (2.3\text{-}20)$$

其中，$V(r)$ 为晶格周期势，$V_H(r)$ 为 Hartree 近似的平均直接库仑作用势，以及未知的交换关联能的泛函导数，Kohn-Sham 将其定义为 r 点的交换关联势：

$$V_{xc}(r) = \frac{\delta E_{xc}[\rho(r)]}{\delta\rho(r)} \qquad (2.3\text{-}21)$$

由于有效势依赖于基态密度 $\rho(r) = \sum_i |\varphi_i(r)|^2$，因此这两个方程必须联立自洽求解.

2.4　交换关联能泛函

Kohn-Sham 方程中 $E_{xc}[\rho(r)]$ 可以进一步分解为来自泡利排斥作用的交换项 $E_x[\rho(r)]$ 和关联项 $E_c[\rho(r)]$，由于 $E_x[\rho(r)]$ 和 $E_c[\rho(r)]$ 的精确形式是未知的，因而相应的交换关联势 $V_{xc}[\rho(r)]$ 也是未知的. 为了进行实际可行的计算，必须知道交换关联能泛函的具体形式，其中最常用的两种交换关联能泛函近似是局域密度近似（LDA）和广义梯度近似（GGA）.

2.4.1　局域密度近似(LDA)

交换相关能量泛函的最初的简单近似是局域密度近似（Local Density Approximations，LDA）[14]，即交换关联能泛函仅和局域的电荷密度有关，将每一个体积元 $\mathrm{d}r$ 里电子的交换关联能近似为相互作用的均匀电子气的交换关联能. 交换关联能泛函可以写成下列定域积分的形式：

$$E_{xc}^{LDA}[\rho(\boldsymbol{r})]=\int\rho(\boldsymbol{r})\varepsilon_{xc}^u(\rho(\boldsymbol{r}))\mathrm{d}\boldsymbol{r} \qquad (2.4\text{-}1)$$

其中, $\varepsilon_{xc}^u(\rho(\boldsymbol{r}))$ 是密度等于局域密度 $\rho(\boldsymbol{r})$ 的相互作用均匀电子体系中每个电子的多体交换关联能,可以通过数值方法求解. 常用的 LDA 泛函包括 Vosko-Wilk-Nusair (VWN)[15]、Perdew- Zunger (PZ81)[16]、Cole-Perdew (CP)[17]、Perdew-Wang (PW92)[18] 等.

局域密度近似提供了计算基态能量的有效方法,由于 LDA 给出的交换能和关联能之间误差的部分相互抵消,因而对于原子、分子和固体的许多基态性质,包括键长、键角、电子密度、振动频率等,LDA 都能给出与实验符合得较好的结果. 比如 Vosko 等人于 1975 年利用 LDA 计算了碱金属的自旋极化率(spin susceptibility),计算结果与实验结果符合得相当好[19]. 但是 LDA 方法普遍过高地估计了结合能,特别是对于结合较弱的体系,过高的结合能使得键长过短,误差较大. 另外,其对于半导体的带隙误差达到了 40%~100%,因此,需要考虑更高精度的近似,比如广义梯度近似和杂化泛函近似.

2.4.2 广义梯度近似(GGA)

实际体系中的电子密度很难像理想的自由电子气那样均匀地分布,为了提高计算的精度,在 LDA 的基础上,引入了电荷密度的梯度,以考虑电荷分布的不均匀性,即交换关联势不但与该点的密度有关,而且与该点的密度梯度有关:

$$E_{xc}^{GGA}[\rho]=\int f_{xc}(\rho,\nabla\rho)\mathrm{d}\boldsymbol{r} \qquad (2.4\text{-}2)$$

GGA 泛函常见的包括 PBE[20]、PW91[18]、BLYP[21,22] 等,其他较新的泛函也不断涌现. 当前物理和化学领域使用较多的泛函分别为 PBE[20] 和 BLYP[21,22]. 一般来说,GGA 近似能够改善 LDA 高估结合能的缺点,对于大多数的共价键、离子键和金属键能够给出比较好的描述,但是对于较弱的范德华相互作用则往往失败,对于半导体的带隙也往往会低估. 有关 LDA 与 GGA 泛函的性能和计算结果差异比较可以参考文献[23]. 一些基于 GGA 近似的交换和关联泛函(包括 Langreth-Mehl 交换和关联泛函[24]、PW86 交换[21] 和关联泛函[25]、PW91 交换和关联泛函[18]、Becke88 交换泛函[26]、Wilson-Levy 关联泛函[27]、Lee-Yang-Parr 关联泛函[22])的精确形式可以参考 Filippi 等人的文章[28].

2.4.3 杂化泛函近似

由于 Hartree-Fock 给出了精确的交换能,在计算 DFT 的交换关联能时,混入部分精确的 Hartree-Fock 交换能,能够提高计算的精度. 这种杂化方法最早由 Beck 等人于 1993 年提出,它能够有效地改善分子的结合能、键长、振荡频率等性质[29,30]. 杂化泛函近似中使用最为广泛的一种为 B3LYP(Becke,3-parameter,Lee-Yang-Parr),其具体形式为

$$E_{xc}^{B3LYP} = E_{xc}^{LDA} + a_0(E_x^{HF} - E_x^{LDA}) + a_x(E_x^{GGA} - E_x^{LDA}) + a_c(E_c^{GGA} - E_c^{LDA})$$

$$(2.4\text{-}3)$$

其中 E_x^{GGA} 和 E_c^{GGA} 分别采用基于广义梯度近似的 Becke88 交换泛函[26] 和 LYP 关联泛函[22]，E_c^{LDA} 是 VWN 局域密度近似关联泛函[15]，三个参数 a_0、a_x、a_c 可以通过拟合原子化能、电离势等得到，分别为 0.20、0.72 和 0.81[31]．B3LYP 泛函主要应用于分子等非周期性体系，对于周期性的块体结构，广泛使用平面波基组．

2.5　波函数展开方法

单电子波函数通常是坐标的连续函数，这对于用计算机处理是不利的，因此，实际计算中通常需要将波函数离散化，将之表示为一组解析函数的线性组合：

$$\varphi(r) = \sum_{\mu=1}^{N} a_\mu \chi_\mu(r)$$

$$(2.5\text{-}1)$$

其中，$\chi_\mu(r)$ 被称为基函数，$\{\chi_1(r), \chi_2(r), \cdots, \chi_N(r)\}$ 为基组（basis set）．根据基函数的类型，通常分为原子轨道基组和平面波基组．

2.5.1　原子轨道基组

原子轨道基组由体系中各个原子的原子轨道波函数组成，将这些原子轨道线性组合（LCAO），得到体系的单电子轨道[32]．原子轨道通常表示为径向（R_n）和角度（Y_{lm}）两部分的乘积[3]：

$$\chi_\mu(r, \theta, \varphi) = R_n(r) Y_{lm}(\theta, \varphi)$$

$$(2.5\text{-}2)$$

径向部分可以选取 Slate 型函数、Gaussian 型函数等．Slate 型原子轨道（STO）的一般表达式为

$$\chi_\mu(r, \theta, \varphi) \propto r^{n-1} e^{-\zeta r} Y_{lm}(\theta, \varphi)$$

$$(2.5\text{-}3)$$

STO 的缺点是计算三中心和四中心积分比较困难．后来 Boys 等人[33] 提出利用线性组合的 Gaussian 型函数来近似 Slate 型原子轨道（缩写为 GTO），因为 Gaussian 型函数的多中心积分很容易计算，从而大大节约了计算量．对于两个中心分别位于 A 和 B 的 Gaussian 函数（$\exp[-\alpha|r - R_A|^2]$，$\exp[-\beta|r - R_B|^2]$），其乘积为一个中心位于 P 的 Gaussian 函数[3]：

$$\exp[-\alpha|r - R_A|^2] \times \exp[-\beta|r - R_B|^2]$$

$$= \exp\left[-\frac{\alpha\beta}{\alpha+\beta}|R_A - R_B|^2\right] \times \exp\left[-(\alpha+\beta)\left|r - \frac{\alpha R_A + \beta R_B}{\alpha+\beta}\right|^2\right]$$

$$= K\exp[-p|r - R_P|^2]$$

$$(2.5\text{-}4)$$

Gaussian 型函数的另一个优点是 e 指数上是 r^2 的函数，这样可以利用 $r^2 = x^2 + y^2 + z^2$ 将三维空间的积分转变为三个一维空间积分．

GTO 基组中最小的基组为 STO-nG,原子的每一个轨道只用一个基函数来描述. n 表示一个轨道用 n 个 Gaussian 原始函数(Gaussian primitive function)的线性组合来拟合,通常为 3、4、6 等.更为常用的基组是将内部原子轨道用一个 STO 来表示,而价电子轨道用两个以上的 STO 来描述,即分裂价基.除了解析形式的基组外,还有一类数值基组,将径向部分 $R_n(r)$ 离散化存储.比如 DMol³ 软件包中,通过数值计算原子的 DFT 方程将径向部分 $R_n(r)$ 从原子核到距离核 5.3 Å 范围内取 300 个点存储,其他的点通过三次样条函数插值得到[34].

2.5.2　平面波基组

除了局域的原子基组外,还可以利用延展性的平面波来展开波函数,这种平面波基组广泛应用于周期性的块体材料计算中.因为根据 Bloch 定理,块体中势场具有晶格周期性,波函数可以表示为一个周期性函数和平面波的乘积[35]:

$$\varphi_{nk}(\boldsymbol{r}) = u_{nk}(\boldsymbol{r})\,\mathrm{e}^{\mathrm{i}k\cdot r} \qquad (2.5\text{-}5)$$

式中,$u_{nk}(\boldsymbol{r})$ 为具有晶格周期性的函数,因而可以通过傅里叶级数展开:

$$u_{nk}(\boldsymbol{r}) = \sum_{G} c_{nk,G}\,\mathrm{e}^{\mathrm{i}G\cdot r} \qquad (2.5\text{-}6a)$$

$$\varphi_{nk}(\boldsymbol{r}) = u_{nk}(\boldsymbol{r})\,\mathrm{e}^{\mathrm{i}k\cdot r} = \sum_{G} c_{nk,G}\,\mathrm{e}^{\mathrm{i}(k+G)\cdot r} \qquad (2.5\text{-}6b)$$

原则上需要用无穷阶平面波来展开,实际计算时通常需要对 G 截断,对应的平面波能量称为截断能.而且内层电子由于局域在原子核附近,通常需要用非常高截断能的平面波基组才能描述得比较好,一般通过构造赝势,价电子轨道仅需要较少的平面波展开,即可达到所需的精度.

2.6　常用软件

2.6.1　VASP

本文中所用软件主要是 VASP[36,37],全称为"维也纳从头计算模拟包",它是使用赝势和平面波基组进行密度泛函和第一性原理分子动力学计算的软件包,VASP 最早是基于 Mike Payne 在 MIT 上开发的程序[38].VASP 广泛使用于材料模拟领域,主要用于具有周期性的晶体或表面的计算,但通过采用大单胞,也可以用于处理小分子体系.电子与离子之间的相互作用可以通过超软赝势或 PAW 赝势[39,40]描述,超软赝势计算量比一般的模守恒赝势方法小很多.VASP 软件包支持 LDA 和 GGA 交换关联能泛函,GGA 类型的泛函包括 PW91[18]和 PBE[20],最新版本的 VASP 包括 AM05[41-43]、PBEsol[44]以及两种杂化泛函 PBE0[45]与 HSE06[46].

2.6.2　QUANTUM ESPRESSO

QUANTUM ESPRESSO 是由意大利理论物理研究中心开发的遵守 GNU 自由软件协议的第一性原理模拟软件,该软件包基于密度泛函理论,用平面波基组和赝势计算电子结构性质,常用于纳米尺度下的材料建模及电子结构计算. QE 集成众多模块,核心模块为 PWscf(平面波自洽场),此外,还包括后处理模块 PP、声子性质模拟模块 PH、第一性原理分子动力学模块 CP 等.该软件最大的特色是基于密度泛函微扰理论来计算体系的众多外场微扰下的响应性质,比如声子谱、电声子耦合、介电常数等.

2.6.3　DMol³

DMol³ 是 Materials Studio 软件中的一个基于密度泛函理论的模块,可以用来研究气相分子、溶液、表面和固体体系. DMol³ 可以实现几何结构优化、共轭梯度方法搜索过渡态、确定反应路径以及利用 COSMO 模型考虑溶剂化效应.它支持局域密度泛函和广义梯度近似泛函,DMol³ 不同于其他密度泛函软件的特点是,它采用数值原子基组,因而计算速度非常快.

2.6.4　DFTB⁺

DFTB⁺ 是基于密度泛函的紧束缚近似方法,可以计算非周期的分子和团簇以及周期性的块体,支持自洽和非自洽的计算以及共线和非共线的磁性计算,还可以实现几何结构优化和分子动力学模拟.除此之外,DFTB⁺ 还支持 LDA＋U 和 QM/MM 计算,也能够考虑 van der Waals 相互作用.另外,DFTB⁺ 还实现了基于 OpenMP 的并行计算.

参考文献

[1] Kaxiras E. Atomic and electronic structure of solids[M]. Cambridge: Cambridge University Press, 2003.

[2] Martin R M. Electronic structure: basic theory and practical methods [M]. Cambridge: Cambridge University Press, 2004.

[3] Szabo A, Ostlund N S. Modern quantum chemistry: introduction to advanced electronic structure theory[M]. New York: Dover Publications, 1996.

[4] 谢希德,陆栋. 固体能带理论[M]. 上海:复旦大学出版社,1998.

[5] Born M, Oppenheimer R. Zur quantentheorie der molekeln[J]. Annalen der Physik, 1927, 389(20): 457－484.

[6] NIST. CODATA Internationally recommended values of the Fundamental Physical Constants [EB/OL]. Maryland: National Institute of Standards and

Technology，2017．http：//physics.nist.gov/cuu/Constants/．

［7］林梦海．量子化学计算方法与应用［M］．北京：科学出版社，2004．

［8］赵成大．固体量子化学：材料化学的理论基础［M］．北京：高等教育出版社，1997．

［9］Hohenberg P，Kohn W．Inhomogeneous electron gas［J］．Phys Rev，1964，136(3B)：B864 - B871.

［10］Thomas L H．The calculation of atomic fields［J］．Math Proc Camb Philos Soc，1927，23(05)：542 - 548.

［11］Fermi E．Un metodo statistico per la determinazione di alcune proprietà dell'atome［J］．Rend Accad Naz Lincei，1927，6(32)：602 - 607.

［12］丁迅雷．金团簇上小分子吸附的第一性原理研究［D］．合肥：中国科学技术大学，2004．

［13］Kohn W，Sham L J．Self-consistent equations including exchange and correlation effects［J］．Phys Rev，1965，140(4A)：A1133 - A1138.

［14］Ceperley D M，Alder B J．Ground state of the electron gas by a Stochastic Method［J］．Phys Rev Lett，1980，45(7)：566 - 569.

［15］Vosko S H，Wilk L，Nusair M．Accurate spin-dependent electron liquid correlation energies for local spin density calculations：a critical analysis［J］．Can J Phys，1980，58(8)：1200 - 1211.

［16］Perdew J P，Zunger A．Self-interaction correction to density-functional approximations for many-electron systems［J］．Phys Rev B，1981，23(10)：5048 - 5079.

［17］Cole L A，Perdew J P．Calculated electron affinities of the elements［J］．Phys Rev A，1982，25(3)：1265 - 1271.

［18］Perdew J P，Wang Y．Accurate and simple analytic representation of the electron-gas correlation energy［J］．Phys Rev B，1992，45(23)：13244 - 13249.

［19］Vosko S H，Perdew J P，Macdonald A H．Ab initio calculation of the spin susceptibility for the alkali metals using the density-functional formalism［J］．Phys Rev Lett，1975，35(25)：1725 - 1728.

［20］Perdew J P，Burke K，Ernzerhof M．Generalized gradient approximation made simple［J］．Phys Rev Lett，1996，77(18)：3865 - 3868.

［21］Perdew J P，Yue W．Accurate and simple density functional for the electronic exchange energy：generalized gradient approximation［J］．Phys Rev B，1986，33(12)：8800 - 8802.

［22］Lee C，Yang W，Parr R G．Development of the Colle-Salvetti correlation-energy formula into a functional of the electron density［J］．Phys Rev B，

1988，37(2)：785 - 789.

[23] Ziesche P，Kurth S，Perdew J P. Density functionals from LDA to GGA [J]. Comput Mater Sci，1998，11(2)：122 - 127.

[24] Langreth D C，Mehl M J. Beyond the local-density approximation in calculations of ground-state electronic properties[J]. Phys Rev B，1983，28(4)：1809 - 1834.

[25] Perdew J P. Density-functional approximation for the correlation energy of the inhomogeneous electron gas[J]. Phys Rev B，1986，33(12)：8822 - 8824.

[26] Becke A D. Density-functional exchange-energy approximation with correct asymptotic behavior[J]. Phys Rev A，1988，38(6)：3098 - 3100.

[27] Wilson L C，Levy M. Nonlocal Wigner-like correlation-energy density functional through coordinate scaling[J]. Phys Rev B，1990，41(18)：12930 - 12932.

[28] Filippi C. Comparison of exact and approximate density functionals for an exactly soluble model[J]. J Chem Phys，1994，100(2)：1290 - 1296.

[29] Becke A. A new mixing of Hartree Fock and local density functional theories[J]. J Chem Phys，1993，98(2)：1372 - 1377.

[30] Perdew J P，Ernzerhof M，Burke K. Rationale for mixing exact exchange with density functional approximations[J]. J Chem Phys，1996，105(22)：9982 - 9985.

[31] Becke A. Density functional thermochemistry. III. The role of exact exchange[J]. J Chem Phys，1993，98(7)：5648 - 5652.

[32] Peter M W G. Molecular integrals over Gaussian basis functions[M]// John R S，Michael C Z. Advances in Quantum Chemistry. Academic Press，1994：141 - 205.

[33] Boys S F. Electronic wave functions. I. A general method of calculation for the stationary states of any molecular system[J]. Proceedings of the Royal Society of London Series A Mathematical and Physical Sciences，1950，200(1063)：542 - 554.

[34] Delley B. An all electron numerical method for solving the local density functional for polyatomic molecules[J]. J Chem Phys，1990，92(1)：508 - 517.

[35] 李正中. 固体理论[M]. 2 版. 北京：高等教育出版社，2002.

[36] Kresse G，Furthmüller J. Efficiency of ab-initio total energy calculations for metals and semiconductors using a plane-wave basis set[J]. Comput Mater Sci，1996，6(1)：15 - 50.

[37] Kresse G，Hafner J. Ab initio molecular dynamics for open-shell

transition metals[J]. Phys Rev B, 1993, 48(17): 13115 – 13118.

[38] VASP. The VASP Manual [EB/OL]. (2016 – 04 – 20). Vienna: VASP Software GmbH, https://www.vasp.at/wiki/index.php/The_VASP_Manual.

[39] Bloechl P E. Projector augmented-wave method[J]. Phys Rev B, 1994, 50(24): 17953 – 17979.

[40] Kresse G, Joubert D. From ultrasoft pseudopotentials to the projector augmented-wave method[J]. Phys Rev B, 1999, 59(3): 1758 – 1775.

[41] Armiento R, Mattsson A E. Functional designed to include surface effects in self-consistent density functional theory[J]. Phys Rev B, 2005, 72(8): 085108 – 085112.

[42] Mattsson A E, Armiento R. Implementing and testing the AM05 spin density functional[J]. Phys Rev B, 2009, 79(15): 155101 – 155113.

[43] Mattsson A E, Armiento R, Paier J, et al. The AM05 density functional applied to solids[J]. J Chem Phys, 2008, 128(8): 084714 – 084724.

[44] Perdew J P, Ruzsinszky A, Csonka G I, et al. Restoring the density-gradient expansion for exchange in solids and surfaces[J]. Phys Rev Lett, 2008, 100(13): 136406 – 136409.

[45] Paier J. The Perdew-Burke-Ernzerhof exchange-correlation functional applied to the G2-1 test set using a plane-wave basis set[J]. J Chem Phys, 2005, 122(23): 234102.

[46] Paier J, Marsman M, Hummer K, et al. Screened hybrid density functionals applied to solids[J]. J Chem Phys, 2006, 124(15): 154709 – 154721.

第3章

力学性质研究

　　本章主要介绍密度泛函理论在研究低维纳米材料力学性质方面的应用实例,以典型的一维碳纳米管和二维磷族薄层纳米材料为例,分别采用基于密度泛函理论的紧束缚近似方法和密度泛函理论研究它们的力学性质.在对碳纳米管的研究中,揭示了拓扑缺陷对于单壁碳纳米管(SWCNT)力学性质的决定性影响,发现五元环和七元环对于 SWCNT 的力学性质起到截然相反的作用,即前者起到应力发散的作用,而后者起到应力集中的作用.拓扑缺陷的存在使得 SWCNT 发生弯曲,并使得 SWC-NT 的拉伸强度显著下降.在对磷族二维纳米薄片的研究中,首先,我们通过拟合双轴拉伸试样的应变能,得到了蓝磷烯、砷烯和锑烯的应变能和应变之间的二次关系,从而获得了拉伸刚度.其次,由从平面二维纳米片卷成的纳米管的弯曲能计算得到弯曲刚度.在给定拉伸刚度和弯曲刚度的情况下,根据这两个量的比值确定了二维材料自洽的有效厚度.

3.1　拓扑缺陷对单壁碳纳米管力学性质的影响

3.1.1　研究背景

　　碳纳米管(carbon nanotube,CNT)通常可以看成是由单层蜂窝结构的石墨烯卷曲而成的.CNT 具有极其优越的力学性质,理论预测单壁碳纳米管(SWCNT)的杨氏模量大约为1～5.5 TPa(根据所采用的管壁厚度不一样),并且理论研究发现杨氏模量与 CNT 的手性和直径关系不大[1-3].而其拉伸强度的理论预测值大约为100 GPa,且与 CNT 的手性有关[4].实验测量的杨氏模量则差异较大,大约在0.3～4 TPa 范围内[5-9],平均值大约为1 TPa[6,8].比如,Yu 等人通过直接的拉伸负载实验测量出 SWCNT 的杨氏模量为320～1 470 GPa,平均值为 1 002 GPa[6].实验上还发现测量的杨氏模量与合成 CNT 的方法有很大关系,由化学气相合成方法制备的 CNT 其杨氏模量通常比电弧放电方法得到的 CNT 要低1～2 个数量级[10].实验测量表明,CNT 的拉伸强度大约在 10～60 GPa 范围内,并且依赖于 CNT 的手性、直径与合成方法[6,7,11,12].

低维纳米材料物性的密度泛函理论研究

优越的力学性质使得 CNT 可以应用于增强复合材料、碳纤维(CNT Fibre),甚至可用于制造太空电梯.由多壁碳纳米管(MWCNT)构成的 CNT 纤维的轴向刚度和拉伸强度分别为 30 GPa 和 1.5 GPa[13].虽然最近有方法可以将拉伸强度提高到大约 10 GPa[14],但是这个值也远小于我们的期望值,原因是制备过程中残留的催化剂颗粒和缺陷等的存在.另外,纤维中的 MWCNT 大多是以有限长的片段存在,这些因素也削弱了其拉伸强度[15].如果能够将这些削弱因素除去的话,Chae 等人[15]预测 CNT 纤维的拉伸强度有望达到 70 GPa.这些 CNT 纤维通常直接由碳纳米管森林(CNT Forest)制成[16],然而实验合成的 CNT 森林中普遍存在着拓扑缺陷[17−19],这些拓扑缺陷对于 CNT 力学强度的影响未知,如果拓扑缺陷使得 CNT 的本征强度显著降低的话,那么这些 CNT 纤维以及 CNT 增强复合材料的强度也很难大幅提升.

理论计算的 CNT 拉伸强度与实验测量值之间存在着巨大差异,这不能简单地归因于 CNT 中的空位缺陷[10].研究表明,空位缺陷的存在会导致 CNT 的强度只有完美 CNT 理论拉伸强度的 60%[20],但这个值依然高于实验测量值[6].更重要的是,空位缺陷重构之后,CNT 的拉伸强度非常接近完美 CNT 的理论拉伸强度[20].因而 CNT 拉伸强度的下降可能与另一种缺陷——拓扑缺陷有很大关系.研究表明,拓扑缺陷(比如五元环和七元环等非六元环缺陷)对 SWCNT 的力学性质会产生显著影响,五元环和七元环对应力分布起到截然不同的作用.图 3.1-1(a)和图 3.1-1(c)分别显示了包含一个五元环或七元环的石墨烯纳米条带在受到外加拉伸负载情况下其应力的分布.很显然,当纳米条带包含一个五元环时,五元环起到应力发散的作用,五元环周围的碳原子几乎不受到应力的作用,应力主要分布于离五元环较远的边界区域;而存在一个七元环的石墨烯纳米条带则恰恰相反,七元环起到应力集中的作用,它的存在使得应力主要集中于七元环周围,而离七元环较远的区域则几乎没有发生应变.将一个包含一对 5/7 缺陷的石墨烯纳米条带卷曲成一维的纳米管,五元环和七元环缺陷的存在使得卷曲后的 SWCNT 形成一个结,结两侧的 SWCNT 通常存在一定的夹角,如图 3.1-1(e)所示.图 3.1-1(f)显示了一个存在一对 5/7 缺陷的 SWCNT 在外加负载下应变的分布.类似于石墨烯纳米条带,我们发现五元环周围碳原子几乎不受到应力的作用,C−C 键长几乎保持不变,甚至某些 C−C 键长反而缩短了;应力高度集中于七元环周围,而在离结较远的不存在缺陷的区域,应变分布则比较均匀.这意味着七元环将成为整个 SWCNT 最薄弱的地方,并且将显著降低整个 SWCNT 的拉伸强度.

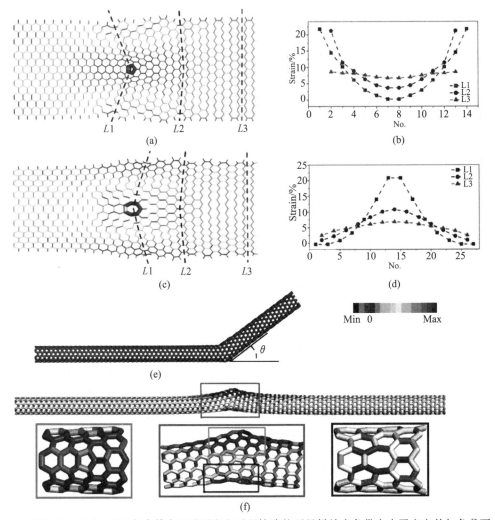

图 3.1-1 (a)～(d) 包含单个五元环和七元环缺陷的石墨烯纳米条带在水平方向外加负载下的应变分布图,沿着 L1、L2、L3 虚线的 C—C 键的应变分布显示于(b)和(d)中;(e)、(f) 包含一对五元环和七元环缺陷的 SWCNT 结构示意图和在水平方向外加负载下的应变分布图

3.1.2 密度泛函理论计算方法和模型

如图 3.1-2(a)和图 3.1-2(b)所示,当石墨烯纳米条带中包含单个五元环时它会变成锥形,而如果包含单个七元环,则会变成马鞍形.包含一对五元环和七元环缺陷(5|7)的纳米条带卷曲后将变成弯曲的 SWCNT[图 3.1-1(e)],调节五元环和七元环的相对位置,可以使得 SWCNT 的弯曲角度 θ 在 0～35° 变化,如图 3.1-3 所示.也就是说,当五元环和七元环直接相连时,弯曲角度最小(约为 0°);而当五元环和七元环距离最远(直接相对)时,弯曲角度最大(大约 35°).如果要产生更大的夹角,则需要有更多对 5|7.当 SWCNT 里存在两对或者三对 5|7 时,弯曲角度 θ 分别约为 60° 和

90°. 为了方便起见,我们用符号(n1,m1)—(n2,m2)—θ 来表示手性分别为(n1,m1)和(n2,m2)的 SWCNT 通过若干对 5|7 形成夹角为 θ 的体系. 为了减小计算量,我们将两个弯曲 SWCNT 交替连接形成沿着 z 方向的一维周期性结构,如图 3.1-4(b)所示.

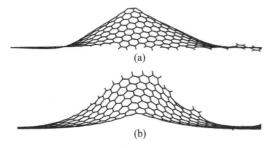

图 3.1-2 包含单个五元环(a)和七元环(b)缺陷的石墨烯纳米条带

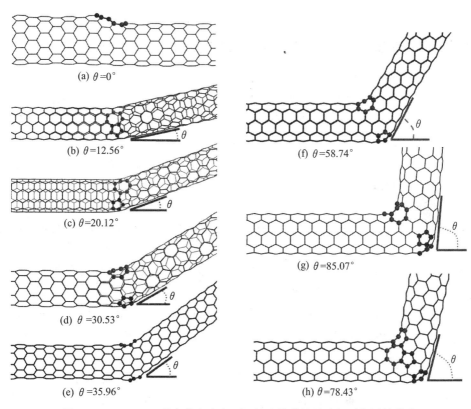

图 3.1-3 SWCNT 的弯曲角度与 5|7 缺陷的数目以及相对位置的关系

这一工作所有的计算均是利用 DFTB^{+} 软件包中自洽的密度泛函紧束缚(SCC-DFTB)方法[21,22]完成的,沿着 x 和 y 方向的真空层设为 15 Å,这个距离足以保证两个周期性镜像之间的相互作用非常微弱以至可以忽略. 几何结构优化采用共轭梯度算法完成,收敛标准为作用于每个原子上的力均小于 1.0×10^{-4} eV/Å. 自洽场计算的能量收敛标准为两次迭代的能量差小于 1.0×10^{-5} eV, k 点的收敛测试发现 $1 \times 1 \times 1$ Monkhorst-Pack[23] 格点足以使得能量差小于 1 meV. 拉伸过程每次沿着 z 方向以 0.1 Å 为步长拉伸,拉伸之后的构型同样用共轭梯度算法充分优化. 断裂时的应力(拉伸强度, σ)利用下面的公式计算:

$$\sigma = \frac{F_{\max}}{\pi \cdot D \cdot h} \tag{3.1-1}$$

这里 $F_{\max}$ 为使得 SWCNT 断裂所需要的最大力; D 为 SWCNT 的直径,虽然在缺陷两侧的 SWCNT 直径有微小差异,我们在计算中选择二者中较小的直径; h 为 SWCNT 管壁的厚度,计算中取为 3.4 Å. 为了验证上述所选择的方法和参数的适用性,我们计算了完美 SWCNT 的拉伸强度,对于 CNT(8,0) 和 CNT(7,7),其拉伸强度分别为 101.82 GPa 和 105.88 GPa,这个结果与之前其他研究人员报道的理论值非常吻合[4].

3.1.3 存在 5|7 缺陷的 SWCNT 断裂过程

由于没有缺陷的 SWCNT 具有很高的对称性,在受到外力拉伸时,所有与拉伸方向平行的 C—C 键被均匀地拉伸,如图 3.1-4(a) 所示,CNT(8,0) 沿着轴向的键被均匀拉伸了约 10%. 这意味着如果要使完美的 SWCNT 断裂,必须让某一个圆周上的所有键同时断裂,因此,所需要的外加拉伸负载要高于 100 GPa. 而对于存在拓扑缺陷的 SWCNT 则不同,图 3.1-4(b) 显示了包含一对 5|7 缺陷的体系(6,6)−(11,0)−35.81°在拉伸了 5% 后应变的分布图,拉伸过程中,应变在 SWCNT 比较直的部分分布比较均匀,而在两个 SWCNT 连接的结部分,应变呈现梯度分布,即从七元环到五元环,应变逐渐减小. 七元环在拉伸过程中起到应力集中的作用,而五元环则起到应力发散的作用,这两者的共同作用使得应力高度集中于七元环附近,因而当外加负载逐渐增大时,七元环附近的 C—C 键将首先发生断裂,然后裂纹逐渐向五元环附近扩展,直至整个 SWCNT 完全断裂.

图 3.1-4(d) 给出了应变能和体系拉伸应变的关系. 在初始阶段,应变能随着拉伸应变的增大呈抛物线式上升,直到发生第一对 C—C 键断裂. 伴随着第一对 C—C 键的断裂,体系积累的应变能被大量释放. 如图 3.1-4(e) 所示,首先发生断裂的 C—C 键均来自七元环缺陷. 从断裂的结构图可以看出,这种断裂过程是脆性断裂,并没有发生塑性重构. 第一次断裂后,随着体系的继续拉伸,应变能再次逐渐积累,直到发生另一对 C—C 键的断裂,这个过程重复发生直到 SWCNT 最终断裂. C—C 键断裂所需要的最大外力随着断裂次数的增加而显著减小,也就是说,使得 SWCNT 断裂所需要的最大外力出现在第一对 C—C 键断裂时. 对于弯曲角度分别为 60°和 90°的 SWCNT 拉伸断裂过程与此非常类似,如图 3.1-5 所示.

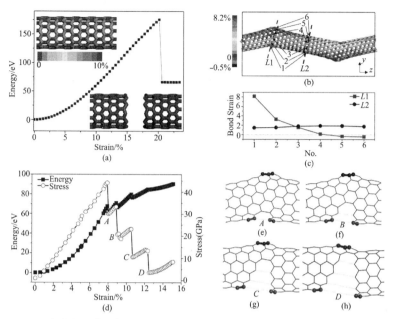

图 3.1-4 （a）完美的不存在缺陷的 SWCNT(11,0)的弹性能与拉伸应变的关系，两个插图分别为拉伸了大约 9.8%（左上角）和完全断裂（右下角）的 SWCNT 应变分布；(b)、(c)拉伸了 5%的(6,6)－(11,0)－35.81°应变的分布图，沿着图(b)中两条虚线的 C—C 键应变分布图显示于图(c)；(d)(6,6)－(11,0)－35.81°的应变能与拉伸应变的关系；(e)～(h)对应于图(d)中 A～D 应变时的结构图

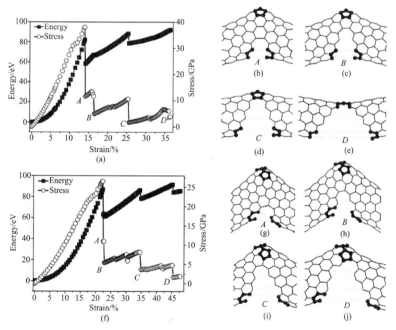

图 3.1-5 （a）～（e）(6,6)－(11,0)－62.11°和(f)～(j)(6,6)－(11,0)－92.62°的应变能与拉伸应变的关系以及拉伸过程中的结构变化

3.1.4 拉伸强度与弯曲角度和直径的关系

图 3.1-6(a) 显示了 SWCNT 的拉伸强度与弯曲角度和直径的关系. 很显然, SWCNT 的拉伸强度随着弯曲角度的增大快速下降, 不存在缺陷的完美的 SWCNT 的拉伸强度大约为 100 GPa, 这个值与之前其他研究人员报道的理论值符合得很好[4]. 当 SWCNT 中包含一对 5|7 缺陷时, 拉伸强度至少下降 10%(即弯曲角度接近于 0°的体系), 随着弯曲角度增大到 30°、60°和 90°时, 拉伸强度分别下降到大约 45 Gpa、35 Gpa 和 25 GPa. 然而, 如图 3.1-6(a) 所示, 拉伸强度与直径的关系却不明显. 对于由一对 5|7 连接的扶手椅式 SWCNT 和锯齿式 SWCNT, 其弯曲角度大约为 35°, 拉伸强度随着直径的增大而缓慢地减小. 这一点与我们的直觉不一致, 通常我们认为随着直径的增大, 缺陷在体系中的浓度也随之减小, 因而对于拉伸强度的削弱也应减小, 然而计算结果显示直径对于拉伸强度的影响非常小.

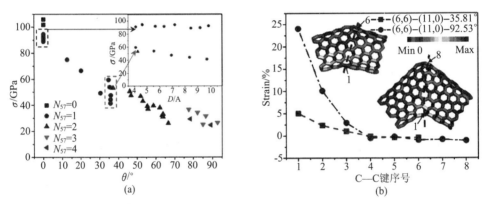

图 3.1-6 (a) SWCNT 拉伸强度(σ,a)与弯曲角度和直径的关系;(b) (6,6)—(11,0)—35.81°(虚线)与(6,6)—(11,0)—92.53°(点画线)在 20 GPa 外加负载下结附近沿着虚线和点画线的C—C键应变分布

为了深入理解为什么拉伸强度显著地依赖弯曲角度而与直径的关系不大, 我们以(6,6)—(11,0)—35.81°和(6,6)—(11,0)—92.53°为例进行了研究, 这两个体系有着完全相同的直径. 这两个体系在外加 20 GPa 的拉伸负载情况下, C—C 键应变分布如图 3.1-6(b) 所示, 七元环附近的 C—C 键分别被拉伸了 5%和 24%, 这意味着弯曲角度越大, 应力分布越集中, 越容易发生 C—C 键的断裂. 所以, 拉伸强度随着弯曲角度的增大而显著地下降. 而对于弯曲角度相同的体系, 我们以三个不同直径的体系(3,3)—(5,0)—34.78°、(5,5)—(9,0)—35.96°和(7,7)—(13,0)—35.81°为例进行了比较, 这三者的直径分别为 4.11 Å、6.93 Å 和 9.70 Å. 如图 3.1-7 所示, 这三个体系的应变分布非常相似, 应变分布随着直径的增大略集中(图 3.1-7). 对于直径较小的 SWCNT, 五元环和七元环距离比较近, 因而五元环应力发散的作用能够部分抵

消七元环应力集中的效果,使得直径较小的体系的拉伸强度略增大.然而应变分布对于弯曲角度相同的体系来说是很类似的,这使得 SWCNT 的拉伸强度与直径的关系比较小,随着直径的增大略微减小.

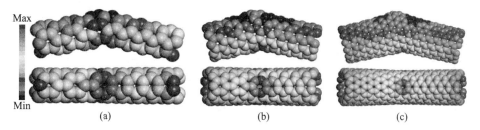

图 3.1-7 (3,3)-(5,0)-34.78°、(5,5)-(9,0)-35.96°和(7,7)-(13,0)-35.81°在外加 20 GPa 负载下的每个碳原子平均应变(即碳原子与各个最近邻碳原子形成的所有共价键的应变平均值)分布

3.1.5 小结

在这一节中,我们对于存在拓扑缺陷的 SWCNT 的计算表明,五元环和七元环缺陷对于 SWCNT 的力学性质起到完全相反的作用:前者起到应力发散的作用,后者起到应力集中的作用.少量存在的拓扑缺陷能够引起 SWCNT 拉伸强度的显著下降,当拓扑缺陷的存在使得 SWCNT 弯曲角度达到 30°、60°和 90°时(对于弯曲角度较大的 SWCNT,通常需要更多对的五元环和七元环),其拉伸强度将分别下降到原先的 1/2、1/3 和 1/4,而 SWCNT 的拉伸强度与直径的关系却比较小.因此,对于一些极端应用,比如太空电梯,必须使用超高拉伸强度 CNT,我们必须获得没有缺陷的完美 CNT.而如果无法获得超长的完美 CNT 时,我们必须尽量选择那些弯曲角度比较小并且直径比较小的 CNT.

参考文献

[1] Yakobson B I, Brabec C J, Bernholc J. Nanomechanics of carbon tubes: instabilities beyond linear response[J]. Phys Rev Lett, 1996, 76(14): 2511-2514.

[2] Lu J P. Elastic properties of carbon nanotubes and nanoropes[J]. Phys Rev Lett, 1997, 79(7): 1297-1300.

[3] Hernandez E, Goze C, Bernier P, et al. Elastic properties of C and $B_xC_yN_z$ Composite Nanotubes[J]. Phys Rev Lett, 1998, 80(20): 4502-4505.

[4] Belytschko T, Xiao S P, Schatz G C, et al. Atomistic simulations of nanotube fracture[J]. Phys Rev B, 2002, 65(23): 235430-235437.

[5] Lourie O, Wagner H D. Evaluation of Young's modulus of carbon nanotubes by micro-raman spectroscopy[J]. J Mater Res, 2011, 13(9): 2418-

2422.

[6] Yu M F, Files B S, Arepalli S, et al. Tensile loading of ropes of single wall carbon nanotubes and their mechanical properties[J]. Phys Rev Lett, 2000, 84 (24): 5552 – 5555.

[7] Yu M F, Lourie O, Dyer M J, et al. Strength and breaking mechanism of multiwalled carbon nanotubes under tensile load[J]. Science, 2000, 287(5453): 637 – 640.

[8] Wong E W, Sheehan P E, Lieber C M. Nanobeam mechanics: elasticity, strength, and toughness of nanorods and nanotubes[J]. Science, 1997, 277(5334): 1971 – 1975.

[9] Treacy M M J, Ebbesen T W, Gibson J M. Exceptionally high Young's modulus observed for individual carbon nanotubes[J]. Nature, 1996, 381(6584): 678 – 680.

[10] Salvetat J P, Kulik A J, Bonard J M, et al. Elastic modulus of ordered and disordered multiwalled carbon nanotubes[J]. Adv Mater, 1999, 11(2): 161 – 165.

[11] Walters D A, Ericson L M, Casavant M J, et al. Elastic strain of freely suspended single-wall carbon nanotube ropes[J]. Appl Phys Lett, 1999, 74(25): 3803 – 3805.

[12] Wagner H D, Lourie O, Feldman Y, et al. Stress-induced fragmentation of multiwall carbon nanotubes in a polymer matrix[J]. Appl Phys Lett, 1998, 72 (2): 188 – 190.

[13] Zhang X F, Li Q W, Tu Y, et al. Strong carbon-nanotube fibers spun from long carbon-nanotube arrays[J]. Small, 2007, 3(2): 244 – 248.

[14] Koziol K, Vilatela J, Moisala A, et al. High-performance carbon nanotube fiber[J]. Science, 2007, 318(5858): 1892 – 1895.

[15] Chae H G, Kumar S. Materials science. Making strong fibers[J]. Science, 2008, 319(5865): 908 – 909.

[16] Zhang M, Atkinson K R, Baughman R H. Multifunctional carbon nanotube yarns by downsizing an ancient technology[J]. Science, 2004, 306 (5700): 1358 – 1361.

[17] Lijima S, Ichihashi T, Ando Y. Pentagons, heptagons and negative curvature in graphite microtubule growth[J]. Nature, 1992, 356(6372): 776 – 778.

[18] Yao Z, Postma H W C, Balents L, et al. Carbon nanotube intramolecular junctions[J]. Nature, 1999, 402(6759): 273 – 276.

[19] Ouyang M，Huang J L，Cheung C L，et al. Atomically resolved single-walled carbon nanotube intramolecular junctions[J]. Science，2001，291(5501)：97－100.

[20] Sammalkorpi M，Krasheninnikov A，Kuronen A，et al. Mechanical properties of carbon nanotubes with vacancies and related defects[J]. Phys Rev B，2005，71(16)：169906－169913.

[21] Elstner M，Porezag D，Jungnickel G，et al. Self-consistent-charge density-functional tight-binding method for simulations of complex materials properties[J]. Phys Rev B，1998，58(11)：7260－7268.

[22] Aradi B，Hourahine B，Frauenheim T. DFTB+，a sparse matrix-based implementation of the DFTB method[J]. J Phys Chem A，2007，111(26)：5678－5684.

[23] Monkhorst H J，Pack J D. Special points for Brillouin-zone integrations [J]. Phys Rev B，1976，13(12)：5188－5192.

3.2 β 相磷族二维纳米材料的有效厚度和力学性质

3.2.1 磷族二维纳米材料概述

仅有单原子层厚度的石墨烯表现出众多非凡的物理和化学特性[1]，比如 Geim 等人的实验发现多层石墨烯具有超高的载流子迁移率[1]、超高的力学强度[2]、非常优越的导热能力[3]、高光学透明度[4]. 这些优越的物理和化学性质使得石墨烯被从事基础研究的人员和工业应用的企业寄予厚望，其有望在众多领域获得极大的应用价值，也因此石墨烯的剥离开启了二维(2D)材料的时代[5]. 当然石墨烯并非在所有方面都是无可挑剔的，比如单层石墨烯的本征带隙为 0[6]，不利于其在半导体电子器件领域的应用，因为半导体器件通常需要类似硅的中等大小的带隙. 另外，石墨烯虽然有着优秀的面内强度和刚度，但是非常柔软、易变形，实验后处理时容易出现褶皱和撕裂[7]. 这些优越的特性和缺陷激发了人们广泛探索其他二维材料的兴趣. 此后理论和实验预测和制备了大量的二维材料[8,9]，比如硅烯[10]、锗烯[11]、锡烯[12]、MoS_2[13]、CrI_3[14]等. 这些二维材料的发现极大地丰富了二维材料的种类，扩展了二维材料的应用前景.

此前实验合成的单组分二维材料主要来自ⅣA族的碳、硅、锗、锡等元素. 2014年，复旦大学的张远波小组与中国科学技术大学的陈仙辉小组合作，成功地从层状体相黑磷中剥离出单层和少层的黑磷烯[15,16]，黑磷烯结构上沿着扶手椅方向出现褶皱，因而不同于蜂窝结构的六角石墨烯，属于正交晶系. 实验研究发现黑磷烯(也被称

为 α-磷烯)具有优异的载流子迁移率[15,16]、中等大小的带隙和较高的紫外吸收特性[17],因此黑磷烯在光电子器件、能源材料以及光电检测等领域具有广阔的应用前景[17].此外,由于其褶皱的结构导致黑磷烯具有各向异性物理性质,如方向依赖的载流子迁移率[18]和各向异性的热导率[19].

除了正交结构的黑磷烯外,Zhu 等人[20]也预言了一种蜂窝状的二维磷烯同素异形体,被命名为蓝磷烯(或称为 β-磷烯).从能量角度来看,蓝磷烯和黑磷烯拥有几乎相同的热力学稳定性[20].最为特别的是,通过表面功能化,可将蓝磷烯转变为多功能的纳米材料,比如氢化之后的蓝磷烯可以出现类似石墨烯的狄拉克锥形能带结构[21],自旋轨道耦合作用下可以打开较小的带隙,并且具有超高的载流子迁移率,甚至可以与石墨烯相媲美[21];而氧化后的蓝磷烯在应变的调控下,电子结构出现量子相变,低能激发可以衍生出三重简并费米子和外尔费米子[22].实验方面,最近多个研究组尝试通过分子束外延方法合成蓝磷烯[23−25].磷烯独特的性质和潜在的应用价值极大地激励了实验和理论研究人员去扩展二维磷族薄层材料的种类[26].目前,除了蜂窝结构的磷烯外,实验方面已经通过机械[27]或液相剥离[28]和分子束外延方法[29−31]成功合成出二维单层砷和锑纳米片(分别被命名为砷烯和锑烯),至此 VA 族元素成为另一大类能够形成单组分二维材料的元素.

与磷烯不同,砷烯和锑烯的各种同素异形体中能量最低的是蜂窝结构的 β 相[32],而非类似黑磷烯的 α 相.在过去的五年里,理论和实验均对 β 相磷族二维单层纳米片的电子、光学和化学特性进行了广泛的研究[26].然而,与 α-磷烯相比,我们对其力学性能还未进行系统的研究.黑磷烯由于它的褶皱结构而展现出各向异性的力学性能,如沿锯齿方向的杨氏模量大约是沿扶手椅方向的 3 倍[33].对于 α-砷烯的研究也揭示了类似的各向异性行为[34].此外,Jiang 等人[35]也预测了黑磷烯具有反常的负泊松比特性.然而,对于材料力学刚度等强度量的计算依赖于二维材料厚度的精确值.不幸的是,目前对于二维材料厚度的定义存在着很多含糊的地方,不同的研究者采用了不同的定义方法.据我们所知,在文献中广泛使用的至少有三种厚度定义方法[36],其中使用最多的厚度定义是母体层状体晶体中的层间距离.最典型的例子是石墨烯,石墨烯的厚度常被选择为石墨层间距离,即 3.35 Å.剩下的两个方案分别是最外层原子之间的垂直距离(也称之为屈曲高度)和屈曲高度加上范德瓦尔斯半径[37].厚度定义的模糊性也给计算和比较不同厚度的二维材料的强度性质带来了一些困难[36].是否有一种更为合理和自洽的方式来定义二维材料的厚度呢?Huang 等人[38]提出了一种力学上自洽的方法来解决这个问题.他们提出通过拉伸刚度与弯曲刚度之比来确定有效厚度.本书中,我们系统地研究了磷族二维单层纳米片的力学性质,包括泊松比、拉伸刚度、弯曲刚度,在此基础上我们获得了有效厚度.

3.2.2　密度泛函理论计算方法

本研究中所有的第一原理计算均使用 VASP[39]完成,其中电子之间的交换关联相互作用采用由 Perdew、Burke 和 Ernzerhof 等人提出的广义梯度近似交换相关函数(PBE)[40]. 而电子和离子之间的相互作用采用投影缀加波赝势去描述(PAW)[41]. 电子波函数用平面波基函数来展开,截止能量设置为 500 eV. 对于布里渊区[图 3.2-1(a)中的菱形]积分,我们采用 $25\times25\times1$ k 点网格进行离散采样. 晶格常数和离子的位置均进行了充分的弛豫,直到作用在每个原子上的残余力小于 1.0×10^{-3} eV/Å. 然后,我们构建了如图 3.2-1(a)中矩形所示的矩形晶胞. 为了获得应变能来计算拉伸刚度,我们通过改变晶格常数的方法沿锯齿方向和扶手椅方向施加了$-5\%\sim5\%$的双轴应变. 而对于弯曲刚度的计算,我们把扁平的磷族二维纳米片卷曲成管状[图 3.2-1(c)和图 3.2-1(d)]. 对于纳米管结构的弛豫过程和能量计算,我们沿周期性方向用 15 个 k 点对布里渊区进行了采样.

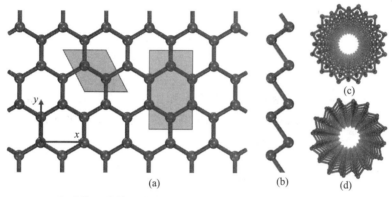

图 3.2-1 (a)β 相磷族二维单层纳米片的顶视图(菱形和矩形分别为元胞和应用双轴应变的矩形晶胞);(b)β 相磷旋二维单层纳米层的侧视图;(c)锯齿型纳米管的透视图;(d)扶手椅型纳米管的透视图

3.2.3 结构性质

β 相磷族二维单层纳米片的顶视图和侧视图分别如图 3.2-1(a)和图 3.2-1(b)所示,从顶视图来看,它们具有与石墨烯类似的蜂窝状结构,不同之处在于元胞中的两个原子沿垂直于平面方向反向移动,形成了屈曲的结构. 因此,β 相磷族二维单层纳米片的点群对称性是D_{3d},低于平面石墨烯的对称性(D_{6h}). 蓝磷烯、砷烯和锑烯的最优晶格常数分别为 3.28 Å、3.61 Å 和 4.12 Å. 随着磷族元素原子从 P 到 Sb 的半径增加,其晶格常数也相应地单调增加. 屈曲高度定义为两个子层间垂直距离(表 3.2-1),其中蓝磷烯、砷烯和锑烯的屈曲高度分别为 1.24 Å、1.40 Å 和 1.64 Å. 对于蓝磷烯、砷烯和锑烯,这三个最近邻原子间的键角(θ)分别为 92.91°、91.97°和 90.83°. 这意味着磷族单层纳米片的屈曲结构导致三种情况下的 θ 值都非常接近于 90°,这一点与完美石墨烯中的 120°键角有显著差异. 这种屈曲形变是由磷族元素原子中存在的孤对电子导致的,因为它们的价电子数比碳的价电子数多一个. 对比其他理论计算结果[20,42]，我们优化后的结构参数与他们的结果吻合得非常好．

表 3.2-1　蓝磷烯（P）、砷烯（As）和锑烯（Sb）的结构参数

System	晶格常数 $a/\text{Å}$	屈曲高度 $h/\text{Å}$	键角 $\theta/°$	键长 $l/\text{Å}$	双轴应变 $h_v/\text{Å}$
P	3.28	1.24	92.91	2.26	1.22～1.25
As	3.61	1.40	91.97	2.51	1.38～1.42
Sb	4.12	1.64	90.83	2.89	1.62～1.68

3.2.4　拉伸刚度

接下来，我们研究磷族二维单层纳米片的力学性能．对于任意二维材料，应力-应变关系一般可以表示为

$$
\begin{bmatrix} \sigma_{xx} \\ \sigma_{yy} \\ \sigma_{xy} \end{bmatrix} = \begin{bmatrix} C_{11} & C_{12} & 0 \\ C_{21} & C_{22} & 0 \\ 0 & 0 & C_{66} \end{bmatrix} \begin{bmatrix} \varepsilon_{xx} \\ \varepsilon_{yy} \\ \varepsilon_{xy} \end{bmatrix} \tag{3.2-1}
$$

其中 σ 和 ε 分别为应力张量和应变张量；C 是弹性常数．在具有 D_{3d} 点群对称性的蜂窝状二维材料中，我们可以利用蜂窝结构的高对称性进一步简化应力-应变关系，换言之：

$$
\begin{bmatrix} \sigma_{xx} \\ \sigma_{yy} \\ \sigma_{xy} \end{bmatrix} = \begin{bmatrix} C_{11} & C_{12} & 0 \\ C_{12} & C_{11} & 0 \\ 0 & 0 & \dfrac{C_{11}-C_{12}}{2} \end{bmatrix} \begin{bmatrix} \varepsilon_{xx} \\ \varepsilon_{yy} \\ \varepsilon_{xy} \end{bmatrix} \tag{3.2-2}
$$

由式（3.2-2）可知，蜂窝结构二维单层纳米材料只有两个独立的弹性常数，即 C_{11} 和 C_{12}．此外，在未施加剪切附载的情况下，双轴应变样品的应变能密度（单位面积的应变能）可以近似表示为

$$
E_s = \frac{1}{2} a_1 \varepsilon_{xx}^2 + \frac{1}{2} a_2 \varepsilon_{yy}^2 + a_3 \varepsilon_{xx} \varepsilon_{yy} \tag{3.2-3}
$$

其中待拟合参数 a_1、a_2 和 a_3 与弹性常数之间的关系如下：

$$
a_1 = a_2 = h C_{11} \tag{3.2-4}
$$

$$
a_3 = h C_{12} \tag{3.2-5}
$$

由以上公式可知，a_1 就是单轴拉伸下的拉伸刚度，定义为 $a_1 = \dfrac{h\sigma_{xx}}{\varepsilon_{xx}}$．

为了得到参数 $a_1 \sim a_3$，我们计算了双轴应变样品的应变能，沿着锯齿方向和扶手椅方向施加了 $-5\% \sim 5\%$ 的应变，步长为 0.05%．蓝磷烯、砷烯和锑烯应变能与沿着锯齿方向和扶手椅方向的应变关系分别显示于图 3.2-2(a) 至图 3.2-2(c) 中．总的来说，应变能的分布类似于倾斜的椭圆，其中沿着反对角方向，应变能急剧增加，沿着该方向施加的应变同时为拉伸或压缩应变．然后，我们采用式（3.2-3）对得到的应变

能密度进行拟合,图 3.2-2(d)至图 3.2-2(f)对比了拟合后的应变能与由 DFT 计算得到的计算结果,两者之间符合得非常好,基于此,验证了我们拟合的精确性. 为了获取纳米片平衡态附近的拉伸刚度,我们仅仅使用了范围为 $-2\%\sim 2\%$ 的双轴应变样品的应变能,该应变范围能保证拟合参数的收敛性. 由最优拟合所得到的参数 a_1 和 a_3 如表 3.2-2 所示,蓝磷烯、砷烯和锑烯的拉伸刚度 a_1 分别为 4.87 eV/Å^2、3.26 eV/Å^2、2.00 eV/Å^2,呈现单调下降趋势;而参数 a_3 在三种材料中变化不大. 因此,我们得出结论:当组成元素从 P 变化到 Sb 时,由磷族元素构成的二维单层纳米片会变得越来越柔软,这应该是由于原子半径的增加导致了最外层价电子与核之间键合较弱,也因此削弱了原子间形成的共价键.

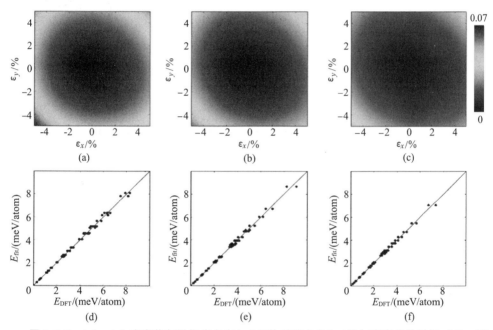

图 3.2-2 (a)~(c)应变能与沿锯齿方向(ε_x)和扶手椅方向(ε_y)施加应变的关系图;(d)~(f)拟合得到的应变能和由 DFT 计算直接得到的应变能.左、中和右三列分别对应于蓝磷烯、砷烯和锑烯

根据拟合参数 a_1 和 a_3 可以直接计算出泊松比,即

$$\nu = -\frac{\varepsilon_{\text{trans}}}{\varepsilon_{\text{axial}}} = \frac{C_{12}}{C_{11}} = \frac{a_3}{a_1} \qquad (3.2\text{-}6)$$

计算得到的蓝磷烯、砷烯和锑烯的泊松比分别为 0.11、0.18 和 0.20. 在后两种材料中的泊松比几乎是相同的,而蓝磷烯中的泊松比则下降了大约一半. 为了验证式(3.2-6)的精确性,我们直接优化施加了轴向应变样品的横向晶格常数,进而直接计算了泊松比,并将横向应变与轴向应变的函数关系绘制于图 3.2-3 中. 我们进一步用抛物线型多项式拟合数据,即 $\varepsilon_y = -b_1\varepsilon_x - b_2\varepsilon_x^2$,其中参数 b_1 即为泊松比,拟合曲线如图 3.2-3 所示. 显然,由直接计算得到的泊松比与使用式(3.2-6)通过弹性常数

计算得到的泊松比完全相同. 另外, 我们的计算结果也与其他研究人员报道的理论值符合得非常好. 例如, Shu 等人[43]和 Kripalani 等人[42]分别确定了砷烯和锑烯的泊松比为 0.178 和 0.22.

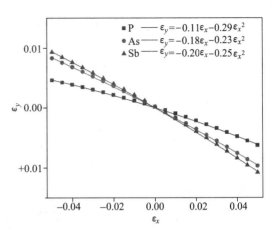

图 3.2-3 单轴应力作用下的磷族二维单层纳米片的横向应变(ε_y)和轴向应变(ε_x)的关系

3.2.5 弯曲刚度

此前我们主要研究了磷族二维单层纳米片的面内拉伸性能, 下一步我们将目光转向其弯曲刚度. 当一个平面纳米薄片被卷曲成管状结构时, 其弯曲能密度(E_b)可以表示为

$$E_b = \frac{1}{2}D\kappa^2 \tag{3.2-7}$$

其中, κ 为纳米管的曲率, D 为弯曲刚度. 为了获得弯曲刚度, 我们优化一系列锯齿型和扶手椅型纳米管, 然后将弯曲能与曲率的关系绘制在图 3.2-4 中. 显然当曲率小于 0.2 Å^{-1}(即半径大于 5 Å)时, 相同曲率的锯齿型纳米管和扶手椅型纳米管的弯曲能几乎相同.

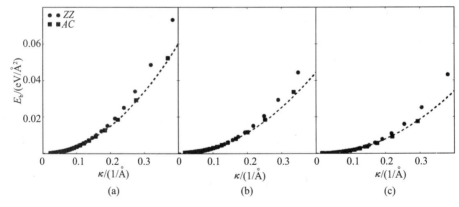

图 3.2-4 (a)蓝磷烯、(b)砷烯和(c)锑烯沿锯齿(圆圈)方向和扶手椅(正方形)方向卷曲成纳米管时的弯曲能(E_b)与纳米管曲率(κ)的关系[虚线表示用式(3.2-7)拟合得到的曲线]

这也意味着磷族二维单层纳米片具有各向同性的弯曲刚度. 然而对于较细的锯齿型纳米管, 即曲率较大的细锯齿型纳米管, 其弯曲能一般比相同曲率的扶手椅型纳米管大. 因此, 我们用式(3.2-7)拟合出弯曲刚度时, 仅仅考虑曲率小于 0.15 Å^{-1}的较粗的纳米管. 通过拟合, 我们发现蓝磷烯、砷烯、锑烯沿锯齿方向的弯曲刚度分别为 0.75 eV、0.56 eV 和 0.44 eV. 从表 3.2-2 可以直观地看出扶手椅方向的弯曲刚度几

乎和锯齿型轴方向的弯曲刚度相同. 与其他典型二维材料的弯曲刚度相比, 比如石墨烯(1.44 eV)[44]、六方氮化硼(0.95 eV)[45]、MoS_2(9.10 eV 和 9.61 eV)[46], 磷族二维单层纳米片的弯曲刚度要小很多. 因此, 与其他典型的二维材料(如石墨烯)相比, 磷族二维单层纳米片更柔软、易折叠.

表 3.2-2　蓝磷烯(P)、砷烯(As)、锑烯(Sb)的力学性能

System	ν	a_1 /(eV/Å²)	a_3 /(eV/Å²)	D_{ZZ}/eV	D_{AC}/eV	h_{eff}/Å	C_{11}/GPa	C_{12}/GPa	Y/GPa
P	0.11	4.87	0.53	0.75	0.75	1.36	573.68	61.89	567.01
As	0.18	3.26	0.58	0.56	0.55	1.43	364.75	65.39	353.02
Sb	0.20	2.00	0.40	0.44	0.46	2.31	196.47	39.36	188.58

3.2.6　有效厚度

到目前为止, 我们已经研究了磷族二维单层纳米片的拉伸和弯曲性能. 但许多机械性能物理量, 如弹性常数和杨氏模量, 取决于材料的厚度. 不幸的是, 厚度对于二维薄层材料是一个很难严格定义的物理量. 虽然很多研究工作中倾向于采用相应的母体材料中层间距离作为对应单层二维材料的厚度, 但这种定义方法在许多情况下都不是一个非常恰当的选择, 特别是对于没有相应层状体相的二维材料. 此外, 由这种方式定义的厚度可能会引起力学性质的不自洽[36]. 鉴于此, Huang 等人[38]提出了一种利用弯曲刚度和拉伸刚度确定石墨烯有效厚度的合理方法. 根据连续介质弹性理论, 厚度为 h、杨氏模量为 Y 的薄板的拉伸刚度(a_1)和弯曲刚度(D)分别等于 $\dfrac{Yh}{1-v^2}$ 和 $\dfrac{Yh^3}{12(1-v^2)}$, 因此有效厚度可以自洽地定义为

$$h_{\text{eff}} = \sqrt{\frac{12D}{a_1}} \tag{3.2-8}$$

将拉伸刚度和弯曲刚度(表 3.2-2)代入式(3.2-8), 即可得到蓝磷烯、砷烯和锑烯的有效厚度分别为 1.36 Å、1.43 Å 和 2.31 Å. 如果我们将有效厚度与之前定义的屈曲高度进行对比, 可以发现有效厚度非常接近从原子中心测量的屈曲高度, 特别是对于蓝磷烯和砷烯的情况. 而锑烯中两者偏差相对较大, 这应该与锑的原子半径较大有关.

然而, 我们获得的有效厚度远远小于相应体相材料的层间距离, 而体相材料层间距离已被广泛用于表征二维纳米片的厚度. 例如, 在研究蓝磷烯的导热性时, 将蓝磷烯的厚度取为 5.63 Å[47]. 但对于自洽描述二维薄层材料的机械性能, 使用式(3.2-8)定义的有效厚度应是更好的选择. Xiong 等人[48]在研究单层二硫化钼的弯曲响应时也得到了类似的结论. 他们发现合理的厚度应该选择上下两个硫原子子层之间的距离, 而不是二硫化钼体相的层间距离[48].

得到厚度值后,我们可以使用式(3.2-4)和式(3.2-5)得到弹性常数,如表3.2-2所示.因此,杨氏模量可以进一步计算为

$$Y = \frac{C_{11}^2 - C_{12}^2}{C_{11}} = \frac{a_1^2 - a_3^2}{h_{eff} a_1} \qquad (3.2\text{-}9)$$

显然参数 a_1 和 a_2 与材料厚度无关,对于二维材料是可以严格定义的物理量.因此,杨氏模量的计算值与所选择的厚度成反比.利用之前得到的有效厚度,我们计算了蓝磷烯、砷烯和锑烯的杨氏模量,分别为 567.01 GPa、353.02 GPa 和 188.58 GPa.这些结果比其他研究者报道的数值要大[28],因为在他们的计算中,厚度定义为层间距离,而非我们通过力学性质得到的自洽厚度值.

3.2.7 小结

综上所述,我们对磷族二维单层纳米片的有效厚度和力学性能进行了系统研究.首先,我们计算了双轴应变作用下二维单层纳米片的应变能.通过式(3.2-3),将此应变能进行拟合,获得了拉伸刚度等参数.进一步利用这些拟合参数估计泊松比,并与直接计算值相比较,发现两者吻合得较好.其次,我们利用一维纳米管的弯曲能拟合出弯曲刚度.由于蜂窝状纳米片的高度对称性,沿锯齿方向和扶手椅方向的弯曲刚度几乎相等.获得拉伸刚度和弯曲刚度之后,有效厚度可由它们之间的比值来确定,我们得到的有效厚度非常接近从原子中心测得的屈曲高度.为了能够自洽地描述磷族二维单层纳米片的力学性能,我们推荐使用从力学性质得到有效厚度,而屈曲高度(不是层间距离)可以作为粗略评估弹性性能时近似的厚度值.

参考文献

[1] Novoselov K S, Geim A K, Morozov S V, et al. Electric field effect in atomically thin carbon films[J]. Science, 2004, 306(5696): 666-669.

[2] 韩同伟,贺鹏飞,骆英,等. 石墨烯力学性能研究进展[J]. 力学进展,2011, 41(03): 279-293.

[3] 李坤威,刘亚伟,张剑,等. 石墨烯导热性能及其测试方法[J]. 化学通报,2017, 80(07): 603-610.

[4] 姜小强,刘智波,田建国. 石墨烯光学性质及其应用研究进展[J]. 物理学进展, 2017, 37(01): 22-36.

[5] Novoselov K S, Jiang D, Schedin F, et al. Two-dimensional atomic crystals[J]. Proc Natl Acad Sci USA, 2005, 102(30): 10451-10453.

[6] 徐小志,余佳晨,张智宏,等. 石墨烯打开带隙研究进展[J]. 科学通报,2017, 62(20): 2220-2232.

[7] Li B W, Luo D, Zhu L Y, et al. Orientation-dependent strain relaxation and chemical functionalization of graphene on a Cu(111) Foil[J]. Adv Mater,

2018，30(10)：1706504 - 1706511.

[8] 吴金蓉，赵爱迪. 单元素类石墨烯二维拓扑材料的研究进展[J]. 低温物理学报，2019，41(02)：73 - 87.

[9] 卓之问，武晓君. 二维单层材料的结构搜索[J]. 科学通报，2015，60(27)：2588 - 2600.

[10] Lalmi B，Oughaddou H，Enriquez H，et al. Epitaxial growth of a silicene sheet[J]. Appl Phys Lett，2010，97(22)：223109-1 - 223109-4.

[11] 秦志辉. 类石墨烯锗烯研究进展[J]. 物理学报，2017，66(21)：17 - 24.

[12] 姚杰，赵爱迪，王兵. 二维拓扑材料的新进展：纯平锡烯中存在大的拓扑能隙[J]. 物理，2019，48(05)：316 - 318.

[13] 李沛岭，崔健，周家东，等. 二维过渡金属硫族化合物的研究进展[J]. 科学通报，2020，65(10)：882 - 903.

[14] Jiang S W，Li L Z，Wang Z F，et al. Controlling magnetism in 2D CrI_3 by electrostatic doping[J]. Nature Nanotechnology，2018，13(7)：549 - 553.

[15] Li L K，Yu Y J，Ye G J，et al. Black phosphorus field-effect transistors [J]. Nature Nanotechnology，2014，9(5)：372 - 377.

[16] Liu H，Neal A T，Zhu Z，et al. Phosphorene：an unexplored 2D semiconductor with a high hole mobility[J]. ACS Nano，2014，8(4)：4033 - 4041.

[17] Carvalho A，Wang M，Zhu X，et al. Phosphorene：from theory to applications[J]. Nat Rev Mater，2016，1(11)：16061 - 160716.

[18] Fei R，Faghaninia A，Soklaski R，et al. Enhanced thermoelectric efficiency via orthogonal electrical and thermal conductances in phosphorene[J]. Nano Lett，2014，14(11)：6393 - 6399.

[19] Zhu L Y，Zhang G，Li B W. Coexistence of size-dependent and size-independent thermal conductivities in phosphorene[J]. Phys Rev B，2014，90(21)：214302 - 214307.

[20] Zhu Z，Tománek D. Semiconducting layered blue phosphorus：a computational study[J]. Phys Rev Lett，2014，112(17)：176802 - 176805.

[21] Zhu L，Zhang T，Di X，et al. Boosting the intrinsic carrier mobility of two-dimensional pnictogen nanosheets by 1000 times via hydrogenation[J]. J Mater Chem C，2019，7(42)：13080 - 13087.

[22] Zhu L Y，Wang S S，Guan S，et al. Blue phosphorene oxide：strain-tunable quantum phase transitions and novel 2D emergent fermions[J]. Nano Lett，2016，16(10)：6548 - 6554.

[23] Zhang J L，Zhao S T，Han C. Epitaxial growth of single layer blue phosphorus：a new phase of two-dimensional phosphorus[J]. Nano Lett，2016，16

(8): 4903 – 4908.

[24] Xu J P, Zhang J Q, Tian H, et al. One-dimensional phosphorus chain and two-dimensional blue phosphorene grown on Au (111) by molecular-beam epitaxy [J]. Phys Rev Mater, 2017, 1(6): 061002.

[25] Zhang W, Enriquez H, Tong Y F, et al. Epitaxial synthesis of blue phosphorene[J]. Small, 2018, 14(51): 1804066.

[26] Zhang S L, Guo S P, Chen Z F, et al. Recent progress in 2D group-VA semiconductors: from theory to experiment[J]. Chem Soc Rev, 2018, 47(3): 982 – 1021.

[27] Ares P, Aguilar-Galindo F, Rodriguez-San-Miguel D, et al. Mechanical isolation of highly stable antimonene under ambient conditions[J]. Adv Mater, 2016, 28(30): 6332 – 6336.

[28] Gusmao R, Sofer Z, Bousa D, et al. Pnictogen (As, Sb, Bi) nanosheets for electrochemical applications are produced by shear exfoliation using kitchen blenders[J]. Angew Chem Int Ed, 2017, 56(46): 14417 – 14422.

[29] Ji J P, Song X F, Liu J Z, et al. Two-dimensional antimonene single crystals grown by van der Waals epitaxy[J]. Nat Commun, 2016, 7: 13352 – 13360.

[30] Mao Y H, Zhang L F, Wang H L, et al. Epitaxial growth of highly strained antimonene on Ag (111)[J]. Front Phys, 2018, 13(3): 138106 – 138113.

[31] Wu X, Shao Y, Liu H, et al. Epitaxial growth and air-stability of monolayer antimonene on $PdTe_2$[J]. Adv Mater, 2017, 29(11): 1605407 – 1605413.

[32] Zhang S L, Xie M Q, Li F Y, et al. Semiconducting group 15 monolayers: a broad range of band gaps and high carrier mobilities[J]. Angew Chem Int Ed, 2016, 55(5): 1666 – 1669.

[33] Peng X H, Wei Q. Superior mechanical flexibility of phosphorene and few-layer black phosphorus[J]. Appl Phys Lett, 2014, 104(25): 251915-1 – 251915-4.

[34] Kecik D, Durgun E, Ciraci S. Stability of single-layer and multilayer arsenene and their mechanical and electronic properties[J]. Phys Rev B, 2016, 94 (20): 205409 – 205417.

[35] Jiang J W, Park H S. Negative poisson's ratio in single-layer black phosphorus[J]. Nat Commun, 2014, 5(1): 4727 – 4723.

[36] Wu X F, Varshney V, Lee J, et al. How to characterize thermal transport capability of 2D materials fairly? -Sheet thermal conductance and the choice of thickness[J]. Chem Phys Lett, 2017, 669(1): 233 – 237.

［37］Zhu L Y，Li W，Ding F. Giant thermal conductivity in diamane and the influence of horizontal reflection symmetry on phonon scattering［J］. Nanoscale，2019，11(10)：4248－4257.

［38］Huang Y，Wu J，Hwang K C. Thickness of graphene and single-wall carbon nanotubes［J］. Phys Rev B，2006，74(24)：245413－245421.

［39］Kresse G，Furthmuller J. Efficient iterative schemes for ab initio total-energy calculations using a plane-wave basis set［J］. Phys Rev B，1996，54(16)：11169－11186.

［40］Perdew J P，Burke K，Ernzerhof M. Generalized gradient approximation made simple［J］. Phys Rev Lett，1996，77(18)：3865－3868.

［41］Kresse G，Joubert D. From ultrasoft pseudopotentials to the projector augmented-wave method［J］. Phys Rev B，1999，59(3)：1758－1775.

［42］Kripalani D R，Kistanov A A，Cai Y Q，et al. Strain engineering of antimonene by a first-principles study：mechanical and electronic properties［J］. Phys Rev B，2018，98(8)：085410－085419.

［43］Shu H B，Tong Y L，Guo J Y Y. Novel electronic and optical properties of ultrathin silicene/arsenene heterostructures and electric field effects［J］. Phys Chem Chem Phys，2017，19(16)：10644－10650.

［44］Wei Y，Wang B，Wu J，et al. Bending rigidity and Gaussian bending stiffness of single-layered graphene［J］. Nano Lett，2013，13(1)：26－30.

［45］Peng Q，Zamiri A R，Ji W，et al. Elastic properties of hybrid graphene/boron nitride monolayer［J］. Acta Mechanica，2012，223(12)：2591－2596.

［46］Lai K，Zhang W B，Zhou F，et al. Bending rigidity of transition metal dichalcogenide monolayers from first-principles［J］. J Phys D：Appl Phys，2016，49(18)：185301－185305.

［47］Jain A，Mcgaughey A J. Strongly anisotropic in-plane thermal transport in single-layer black phosphorene［J］. Sci Rep，2015，5(1)：8501－8505.

［48］Xiong S，Cao G X. Bending response of single layer MoS_2 ［J］. Nanotechnology，2016，27(10)：105701－105701.

第4章 几何结构与电子性质研究

本章主要介绍密度泛函理论在几何结构预测和电子性质研究方面的应用实例.首先,介绍了利用密度泛函理论预测将二维 Bi 纳米薄层切割成一维纳米条带后,其边界发生显著重构,与石墨烯纳米条带(GNR)相比,重构后的 BNR 具有较小的形成能和边界能,原因是重构导致新的共价键形成,同时消除了边界的悬挂键,释放了边界应力,使得体系更加稳定.其次,通过密度泛函方法的计算预测了一种 MoS_2 同素异形体,即在 MoS_2 中引入四元环和八元环所形成的同素异形体(H468).理论计算揭示该同素异形体是一种稳定的窄带直接带隙半导体,具有中等带隙,通过模拟正向偏压和负向偏压下扫描隧道显微镜(STM)图像,为实验鉴别该异构体提供了依据.

4.1 无机铋纳米条带的一维纳米结构

4.1.1 研究背景

低维纳米材料通常表现出特殊的力学性质、电子性质、磁性质和光学性质,因而可以应用于纳电子学、纳光子学和生物领域[1].特别是成功制备最薄的二维材料石墨烯后[2],其他无机纳米薄层也吸引了研究者们的广泛兴趣,比如 BN 等[3].元素周期表中 VA 族的铋(Bi)是一种典型的半金属(semimetal)材料,它具有一些独特的物理性质,比如其电子具有较小的有效质量、较大的平均自由程、较长的费米波长、高度各向异性的费米面,且其价带和导带有比较小的重叠[4].实验上已经成功地合成了一系列的低维 Bi 纳米结构[5],包括零维的纳米粒子[6-9]、一维的纳米线[10-18]和纳米管[19-23]、超薄的二维薄膜[24,25].这些低维 Bi 纳米结构表现出不同于块体材料的结构、电子性质和光学性质[26];对于零维 Bi 纳米粒子,理论预测 Bi 的小尺寸团簇也可以形成空心的笼形结构[27];虽然 Bi 块体不是很好的热电材料[28,29],但 Bi 纳米线由于量子限域效应却表现出较高的热电效率;Bi 纳米线的磁电阻在低温下可以达到 300%,室温下为 70%[10];与半金属性(semimetal)的块体不同的是,理论研究预测扶手椅型和锯齿型 Bi 纳米管均为半导体[30,31].此外,Bi 表面和薄膜表现出很强的表面态和 Rashba 自旋轨道耦合[32].一到六层的 Bi 纳米薄层表现出丰富的电子性质,即随着层数的增加,纳米薄层从半导体转变为半金属和金属[33].

一维纳米条带是当前研究的热门,特别是石墨烯被发现之后[2].由于二维石墨烯

40　低维纳米材料物性的密度泛函理论研究

零带隙的电子结构不利于其在半导体器件方面的应用[34],而将二维石墨烯切割为一维纳米带之后,由于边界的量子限域效应,扶手椅型纳米条带(AMGNR)具有中等大小的带隙[35,36],其带隙反比于条带的宽度[36,37].锯齿型石墨烯纳米条带(ZZGNR)还具有独特的边缘态[38,39],外加电场[40]或者边界化学修饰[41]可以将半导体性的ZZGNR转变为半金属(half-metal),因而有望应用于自旋电子器件的制备.实验方面,GNR可以通过标准的蚀刻方法[42]或者化学合成方法[43]得到.由于GNR的独特性质,其他一些无机纳米条带也吸引了广泛的研究兴趣,比如BN[3]、SiC[44]、ZnO[45-47]、MoS_2[48]和TiO_2[49]纳米条带,这些纳米条带通常也表现出依赖边界手性的电子性质和磁性质.这些结构稳定、电子性质可调的纳米线在纳米电子学和自旋电子学以及气体分离和太阳能电池等领域[3,44,46-49]具有很大的应用潜力.

如前所述,一维的无机纳米条带具有一些特殊的性质.很自然地,我们可以提出如下问题:当二维的Bi纳米薄层被切割为一维纳米条带之后,一维的Bi纳米条带(BNR)足够稳定吗? 这将会带来哪些新的性质? 边界的手性和量子限域效应将如何影响BNR的电子性质? 受实验上已经在Ag(111)表面生长出一维的两层BNR启发[50],我们采用密度泛函理论,研究了一维BNR的结构、稳定性和电子性质.我们的理论计算表明,这些纳米条带具有比GNR更高的稳定性,边界的手性和边界重构极大地影响着纳米条带的电子性质.扶手椅型Bi纳米条带(ABNR)是间接带隙半导体,其带隙随着宽度奇偶振荡;而对于锯齿型Bi纳米条带(ZBNR),当边界Bi原子均匀排列时,体系是金属性的,而当边界Bi原子二聚化后(即发生Peierls相变),体系将打开很小的带隙.

4.1.2 密度泛函理论计算方法

这一章节的计算也是基于密度泛函的VASP软件包[51,52],离子与电子之间的相互作用选择PAW赝势[53,54],交换关联泛函选择基于GGA近似的PBE泛函[55],平面波截断能设为400 eV.结构优化时采用共轭梯度算法,力的收敛标准为所有原子所受到的力小于0.01 eV/Å,能量收敛标准为10^{-4} eV.ABNR和ZBNR可以通过沿着二维单层Bi(111)的扶手椅和锯齿方向裁剪得到,文章中我们分别用ABNR-N和ZBNR-N来表示宽度为N的扶手椅型和锯齿型BNR.计算中我们同时考虑了$1\times1\times1$和$2\times1\times1$的超元胞,BNR与其周期性镜像的距离大于10 Å.对于$1\times1\times1$和$2\times1\times1$超元胞的布里渊区采样,我们根据Monkhorst-Pack方法,沿着周期性方向分别选取45和35个k点.对所有的体系,我们都考虑了自旋极化和非极化两种情况,由于所有BNR均为非磁性的,所以,这里我们只给出自旋非极化的结果.

4.1.3 BNR的结构和形成能

图4.1-1(g)～图4.1-1(l)给出了ABNR和ZBNR优化之后的结构,很显然,BNR的边界发生了显著的重构.对于ABNR,边界的B1—B2键相对于初始的结构旋转了40.5°,旋转后的B1—B2键长从初始的3.05 Å缩短至2.99 Å.与此同时,旋转后的B1

原子与 B3 原子以及 B2－B4 之间形成了新的共价键,键长大约为 3.12 Å. 这些新形成的共价键消除了边界的悬挂键,这有利于增强体系的稳定性.重构之后体系中 Bi 原子配位数均为 3,与块体的情况相似.值得注意的是,B1－B2 键旋转还导致了邻近的 B4－B5 键发生断裂,从而使 B4 和 B5 之间的距离从 3.05 Å 增加至 3.62 Å. 更有趣的是,奇数宽度的 ABNR(缩写为 ABNR－2p+1,p 为整数)与偶数宽度的 ABNR(缩写为 AB-NR－2p)有着不同的几何结构,即在 ABNR－2p+1 中边界重构的单元(B3－B2－B1－B4)是对称分布的,而 ABNR－2p 中边界重构的单元是交错分布的.对于 ZBNR,连接边界原子 B1 和次边界原子 B2、B3 的键在优化过程中逐渐向 ZBNR 中心弯曲,因而从垂直于 ZBNR 平面的方向来看,边界的起伏程度减小.另外,连接最外侧和次外侧锯齿型链的共价键(比如 B2－B4)相对于 ZBNR 轴向发生微小的倾斜,最终导致边界的 Bi—Bi 出现长短交替排列现象,比如图 4.1-1 中 B1－B2 和 B1－B3 键长分别为 2.98 Å 和 3.01 Å.

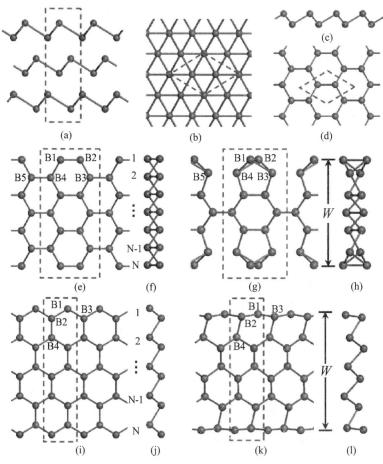

图 4.1-1 (a)和(b)分别为 Bi 块体的侧视图和顶视图;(c)和(d)分别为单层 Bi 纳米薄层的侧视图和顶视图;(e)和(f)分别为直接从 Bi 单层切割得到的 ABNR-N 的顶视图和侧视图;(g)和(h)为相应优化之后的构型;(i)和(j)分别为直接切割 Bi 单层得到 ZBNR-N 的顶视图和侧视图;(k)和(l)为优化之后的构型(矩形框表示计算中采用的 1×1×1 元胞,W 表示 ABNR 和 ZBNR-N 的宽度)

为了衡量 BNR 的稳定性，我们根据以下两个公式计算了 ABNR 和 ZBNR 的平均形成能和边界能：

$$FE = \frac{E(BNR) - N \times E(Bi)}{N} \quad\quad (4.1\text{-}1)$$

$$EE = \frac{E(BNR) - N \times E(Bi)}{2 \times L} \quad\quad (4.1\text{-}2)$$

其中 $E(BNR)$ 和 $E(Bi)$ 分别为单胞的总能量和二维 Bi(111) 单层中每个 Bi 原子的能量；N 为每个元胞中 Bi 原子的数目；L 是 BNR 的边界长度（即沿着周期性方向的晶格常数）. 形成能和边界能与宽度的关系如图 4.1-2 所示，ABNR 和 ZBNR 的形成能均与纳米带的宽度成反比，并随着宽度增加逐渐收敛于 0［即趋向于二维 Bi(111) 单层的形成能］. 与 GNR 的形成能（大约为 $0.2 \sim 0.4$ eV[35]）相比，BNR 的形成能均小于 0.13 eV，这意味着 BNR 的稳定性高于 GNR，这主要是因为 BNR 本身弯曲起伏的结构和边界自发的重构有利于释放边界的应力，从而降低体系的能量. BNR 较小的形成能也意味着实验上较容易合成这种纳米结构. 另外，从边界能的角度来看，ABNR 和 ZBNR 的边界能分别为 0.105 eV/Å 和 0.142 eV/Å，并且与宽度几乎无关，BNR 的边界能比石墨烯要低一个数量级，这主要是因为前面提到的边界重构释放了边界的应力. 之前已有较多的研究发现，GNR 边界存在较大的应力，容易使其在有限温度下自发地扭曲和弯曲[56-58]，因此，BNR 较小的边界能也意味着在有限温度下 BNR 相比于 GNR 能够抵抗较大的扭曲和弯曲形变.

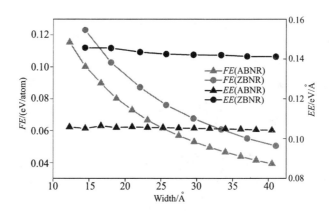

图 4.1-2 ABNR 和 ZBNR 的形成能和边界能与宽度的关系

4.1.4 ABNR 的电子结构

尽管 Bi 块体是一种半金属（semimetal）材料，其价带和导带之间有较小的能带重叠，其二维的 Bi(111) 单层却是直接带隙半导体，带隙约为 0.56 eV. 需要注意的是，PBE 泛函通常低估半导体的带隙，更精确的结果需要考虑 GW 近似或者采用 HSE 杂化泛函方法[59]，但是 DFT/PBE 方法通常能够很好地反映实验上观察到的带隙变化趋势. 当二维 Bi 单层切割成一维纳米条带之后, 边界手性和边界重构将显著影响条带的电子性质. 如图 4.1-3 所示, 沿着扶手椅方向切割时, ABNR 转变为间接带隙的半导体, 价带顶位于 Gamma 点, 而导带底位于 X 点. 从态密度图 [图 4.1-3(a)] 可以看出, 费米面附近的电子态主要来自边界 Bi 原子的贡献. 更有趣的是, ABNR 的间接带隙随着宽度的增加表现出奇偶振荡的行为, 具体来说, 偶数宽度的 ABNR－2p 总是具有比奇数宽度的 ABNR－2p+1 较大的间接带隙, 并且 ABNR－2p 和 ABNR－2p+1 的间接带隙随宽度的增加表现出不同的行为: 对于 ABNR－2p+1, 间接带隙随着宽度的增加而逐渐增加, 并收敛于二维 Bi 单层的带隙; 相反地, ABNR－

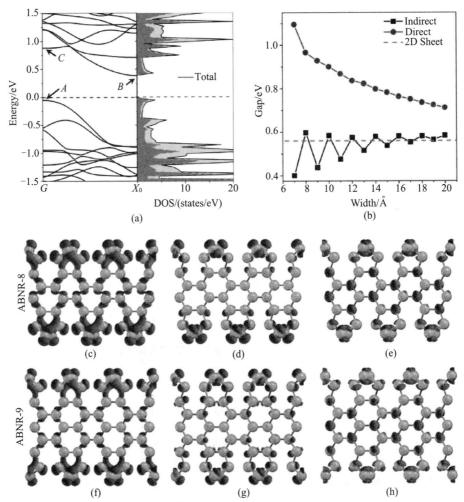

图 4.1-3　ABNR 的电子结构. (a)ABNR-9 的能带结构和态密度, 态密度图中深色和浅色面积分别表示来自边界重构单元和内部 Bi 原子的贡献; (b)ABNR 的间接带隙和直接带隙随着宽度(单位为 Å)的变化关系; (c)ABNR-8 的价带顶的电荷密度; (d)ABNR-8 导带底的电荷密度; (e)ABNR-8 导带在 Gamma 点的电荷密度; (f)ABNR-9 的价带顶的电荷密度; (g)ABNR-9 的导带底的电荷密度; (h)ABNR-9 的导带在 Gamma 点的电荷密度

$2p$ 的间接带隙则几乎不随着宽度变化,近似为常数(略高于二维 Bi 单层的带隙).另外,Gamma 点的直接带隙随着纳米条带的宽度的增加而单调减小,导带位于 Gamma 点的电荷密度均匀地分布于 ABNR 的所有原子中,因而 BNR 边界的量子限域效应会显著影响 Gamma 点的直接带隙.根据直接带隙下降的趋势,我们可以期待,当宽度足够宽时,ABNR 将会从间接带隙转变为直接带隙半导体.然而,由于计算能力的限制,我们无法在这里预测间接带隙与直接带隙转变的临界宽度.

为了理解 ABNR 的间接带隙出现奇偶振荡的行为,我们画出了 ABNR-8 和 ABNR-9 的价带顶和导带底的电荷密度[图 4.1-3(c)、图 4.1-3(d)、图 4.1-3(f)和图 4.1-3(g)].很明显,价带顶的电荷密度主要局域于边界,从边界向中心指数式减小[图 4.1-3(c)和图 4.1-3(f)],并且价带顶的电荷密度主要来自边界 Bi 原子的孤对电子的贡献和边界与次边界原子之间的 σ 成键态的贡献,以及很少一部分内部 σ 成键态的贡献;而导带底的电荷密度则主要来自边界 Bi 原子的孤对电子的贡献和边界及内部的 σ 反键态的贡献.因此,间接带隙主要来自 σ 反键态和 σ 成键态之间的能量差.很显然,ABNR$-2p$ 的边界重构单元交错分布,两边界之间的重构单元相互作用较强;而 ABNR$-2p+1$ 的边界重构单元对称分布,两个边界对称分布的重构单元组成一个构建单元,这些构建单元之间通过少数几个 Bi$-$Bi 共价键连接,相互作用非常弱.根据分子轨道理论,成键和反键轨道的能级劈裂主要取决于相互作用的强弱[60],因此,ABNR$-2p+1$ 比较弱的相互作用导致较小的间接带隙.对于更窄的奇数宽度纳米带 ABNR$-2p+1$,构建单元之间仅仅通过一两个共价键连接(比如 ABNR-7 和 AB-NR-9),从而导致宽度越小的 ABNR$-2p+1$ 的间接带隙越小.随着宽度的增加,两个构建单元之间由更多的 Bi$-$Bi 共价键连接,导致其相互作用增强,因此,ABNR$-2p+1$ 的间接带隙随着宽度的增加而逐渐增大并收敛于二维 Bi(111)单层的带隙.

4.1.5　ZBNR 的电子结构

图 4.1-4 给出了 ZBNR 的能带结构,锯齿型边界的存在极大地改变了 ZBNR 的电子结构.当边界最外侧的 Bi 原子均匀排列时,ZBNR 的能带图中有两条能带穿过费米面[图 4.1-4(a)中的 A 和 B],当波矢 $k > \dfrac{\pi}{3a}$ 时这两条能带几乎简并.对态密度进行分析,还发现这两条能带主要来自边界 Bi 原子的贡献[图 4.1-4(a)],这两条能带在 X 点的电荷密度可以直观地反映这一点,即电荷密度高度局域于 ZBNR 的边界[图 4.1-4(c)和图 4.1-4(d)],表现出类似 ZZGNR 的边缘态.更重要的是,这两条能带与费米面的交点恰好在布里渊区高对称路径 GX 的中点附近,这导致整个体系不稳定(Peierls 不稳定性)[61].这种 Peierls 不稳定性最早在一维均匀排列的聚乙炔中观测到,这种一维的聚乙炔通过自发的二聚化使得体系在费米面附近打开一个带隙[61].因此,我们用更大的元胞($2\times1\times1$)重新优化 ZBNR 来检验在 ZBNR 体系中是否也会发生 Peiels 二聚化现象.图 4.1-4(f)和图 4.1-4(b)中显示了重新优化之后

ZBNR-9 的几何结构和电子结构,边界最外侧的 Bi 原子之间的距离出现长短交替排列的现象,整个体系能量因为二聚化而降低了 6.5 meV/cell(相对于边界 Bi 原子均匀排列的情况).能带结构和态密度结果均表明,二聚化发生后,体系在费米面附近打开了较小的带隙(大约0.1 eV),这意味着二聚化的 ZBNR 发生了从金属到半导体的转变.

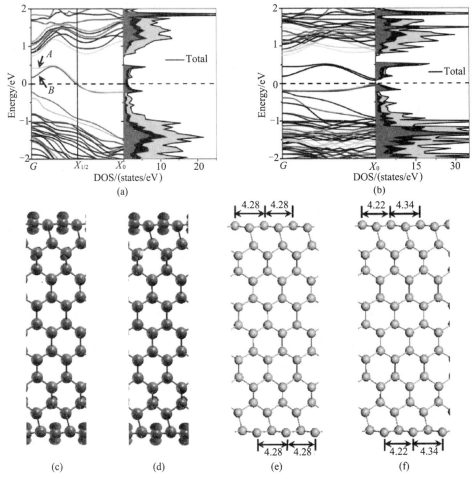

(a)   (b)

(c)   (d)   (e)   (f)

图 4.1-4 ZBNR 的电子结构.(a) 边界 Bi 原子均匀排列时 ZBNR 的能带结构;(b) 边界 Bi 原子均匀排列时的态密度,图中灰色、深灰色和浅灰色面积分别表示来自最外侧、次外侧和内部 Bi 原子的态密度的贡献;(c) (a)中能带 A 在 X 点的电荷密度;(d) (a)中能带 B 在 X 点的电荷密度;(e) 边界 Bi 原子均匀排列的几何结构;(f) 边界 Bi 原子发生二聚化之后的几何结构

4.1.6 小结

在这一节中,我们利用密度泛函理论研究了一维 ABNR 和 ZBNR 的结构、形成能和电子结构.ABNR 的边界发生了显著的重构,边界重构的 Bi 原子与次边界的 Bi

原子形成了新的共价键,消除了边界的悬挂键,这使得体系更加稳定.而在 ZBNR 体系中,边界的 Bi 原子朝纳米条带的中心弯曲,降低了边界的起伏程度.与 GNR 相比,BNR 具有较小的形成能和边界能,这主要是由于边界重构和本身弯曲起伏的结构有利于应力的释放.同时,较小的形成能和边界能也意味着 BNR 具有比 GNR 更高的热稳定性.虽然二维的 Bi 纳米单层是直接带隙的半导体,但是重构的 ABNR 则转变为间接带隙的半导体.更有趣的是,ABNR 的间接带隙随着纳米条带宽度的增加出现奇偶振荡现象,这是由于奇数和偶数宽度的 ABNR 具有不同的几何结构.由于纳米条带横向的量子限域效应的影响,ABNR 在 Gamma 点的直接带隙随着纳米条带宽度的增加而单调减小.对于 ZBNR,当边界最外侧 Bi 原子均匀排列时,ZBNR 表现出金属性;而当边界 Bi 原子因为 Peierls 不稳定性而出现二聚化现象时,ZBNR 将从金属性转变为半导体性.尽管 BNR 具有丰富的结构和电子性质,但是其合成目前仍然是一个挑战.石墨烯合成的巨大成功也许可以给我们一些启发,因为 Bi 块体也同样是由单层的 Bi(111)堆叠而成,因此,我们也许可以通过类似于获得石墨烯的机械剥离方法[2]从块体 Bi 中获得单层的 Bi,然后通过机械切割或者标准的刻蚀方法得到 ABNR 和 ZBNR.此外,BNR 也许可以在合适的衬底上通过自下而上的自组装等方法得到,一维 Si 纳米条带正是通过这种自下而上的方法合成的.虽然目前人们尚未在实验中获得二维的 Si 单层,但是出人意料的是,Le Lay 等人[62]在 Ag(110)衬底上通过自组装获得了单层的 Si 纳米条带.因此,我们有理由相信,单层 BNR 可以通过 Bi 原子的自组装得到.需要注意的是,衬底的支撑通常会对 BNR 的电子性质造成或强或弱的影响,这依赖于衬底与 BNR 之间相互作用的强弱,然而这方面的工作已经超出了本书的范围,在此不做讨论.

参考文献

[1] Lieber C M, Wang Z L. Functional nanowires[J]. MRS Bull, 2007, 32 (2): 99 - 108.

[2] Novoselov K S, Geim A K, Morozov S V, et al. Electric field effect in atomically thin carbon films[J]. Science, 2004, 306(5696): 666 - 669.

[3] Park C H, Louie S G. Energy gaps and stark effect in boron nitride nanoribbons[J]. Nano Lett, 2008, 8(8): 2200 - 2203.

[4] Qi J S, Shi D N, Zhao J J, et al. Stable structures and electronic properties of the oriented Bi nanowires and nanotubes from first-principle calculations[J]. J Phys Chem C, 2008, 112(29): 10745 - 10753.

[5] Kharissova O V, Kharisov B I. Nanostructurized forms of bismuth[J]. Synthesis and Reactivity in Inorganic, Metal-Organic, and Nano-Metal Chemistry, 2008, 38(6): 491 - 502.

[6] Onari S, Miura M, Matsuishi K. Raman spectroscopic studies on bismuth

nanoparticles prepared by laser ablation technique[J]. Appl Surf Sci, 2002, 197 – 198(1): 615 – 618.

[7] Swihart M T. Vapor-phase synthesis of nanoparticles[J]. Current Opinion in Colloid & Interface Science, 2003, 8(1): 127 – 133.

[8] Scott S A, Kral M V, Brown S A. Bi on graphite: Morphology and growth characteristics of star-shaped dendrites[J]. Phys Rev B, 2006, 73(20): 205424 – 205430.

[9] Kim S H, Choi Y S, Kang K, et al. Controlled growth of bismuth nanoparticles by electron beam irradiation in TEM[J]. J Alloy Compd, 2007, 427 (1—2): 330 – 332.

[10] Liu K, Chien C L, Searson P C, et al. Structural and magneto-transport properties of electrodeposited bismuth nanowires[J]. Appl Phys Lett, 1998, 73 (10): 1436 – 1438.

[11] Zhang Z, Sun X Z, Dresselhaus M S, et al. Magnetotransport investigations of ultrafine single-crystalline bismuth nanowire arrays[J]. Appl Phys Lett, 1998, 73(11): 1589 – 1591.

[12] Zhang Z B, Ying J Y, Dresselhaus M S. Bismuth quantum-wire arrays fabricated by a vacuum melting and pressure injection process[J]. J Mater Sci, 1998, 13(7): 1745 – 1748.

[13] Heremans J, Thrush C M, Lin Y M, et al. Bismuth nanowire arrays: synthesis and galvanomagnetic properties[J]. Phys Rev B, 2000, 61(4): 2921 – 2930.

[14] Zhang Z B, Sun X Z, Dresselhaus M S, et al. Electronic transport properties of single-crystal bismuth nanowire arrays[J]. Phys Rev B, 2000, 61(7): 4850 – 4861.

[15] Li L, Zhang Y, Yang Y W, et al. Diameter-depended thermal expansion properties of Bi nanowire arrays[J]. Appl Phys Lett, 2005, 87(3): 031912 – 031913.

[16] Scott S A, Kral M V, Brown S A. Growth of oriented Bi nanorods at graphite step-edges[J]. Phys Rev B, 2005, 72(20): 205423 – 205430.

[17] Zhang H L, Chen W, Wang X S, et al. Growth of well-aligned Bi nanowire on Ag(111)[J]. Appl Surf Sci, 2009, 256(2): 460 – 464.

[18] Owen J H G, Miki K, Bowler D R. Self-assembled nanowires on semiconductor surfaces[J]. J Mater Sci, 2006, 41(14): 4568 – 4603.

[19] Li Y, Wang J, Deng Z, et al. Bismuth nanotubes: a rational low-temperature synthetic route[J]. J Am Chem Soc, 2001, 123(40): 9904 – 9905.

[20] Liu X Y, Zeng J H, Zhang S Y, et al. Novel bismuth nanotube arrays synthesized by solvothermal method[J]. Chem Phys Lett, 2003, 374(3 – 4): 348 – 352.

[21] Li L, Yang Y W, Huang X H, et al. Fabrication and electronic transport properties of Bi nanotube arrays[J]. Appl Phys Lett, 2006, 88(10): 103119 – 103123.

[22] Kharissova O V, Osorio M, Garza M, et al. Study of Bismuth nanoparticles and nanotubes obtained by microwave heating[J]. Synthesis and Reactivity in Inorganic, Metal-Organic, and Nano-Metal Chemistry, 2009, 38(7): 567 – 572.

[23] Boldt R, Kaiser M, Kohler D, et al. High-yield synthesis and structure of double-walled bismuth-nanotubes[J]. Nano Lett, 2010, 10(1): 208 – 210.

[24] Scott S A, Kral M V, Brown S A. A crystallographic orientation transition and early stage growth characteristics of thin Bi films on HOPG[J]. Surf Sci, 2005, 587(3): 175 – 184.

[25] Bobisch C, Bannani A, Matena M, et al. Ultrathin Bi films on Si(100)[J]. Nanotechnology, 2007, 18(5): 055606 – 055606.

[26] Philp E, Sloan J, Kirkland A I, et al. An encapsulated helical one-dimensional cobalt iodide nanostructure[J]. Nat Mater, 2003, 2(12): 788 – 791.

[27] Zdetsis A D. Theoretical predictions of a new family of stable bismuth and other group 15 fullerenes[J]. J Phys Chem C, 2010, 114(24): 10775 – 10781.

[28] Hicks L D, Dresselhaus M S. Effect of quantum-well structures on the thermoelectric figure of merit[J]. Phys Rev B, 1993, 47(19): 12727 – 12731.

[29] Heremans J P, Thrush C M, Morelli D T, et al. Thermoelectric power of bismuth nanocomposites[J]. Phys Rev Lett, 2002, 88(21): 216801 – 216804.

[30] Su C, Liu H T, Li J M. Bismuth nanotubes: potential semiconducting nanomaterials[J]. Nanotechnology, 2002, 13(6): 746 – 749.

[31] Karttunen A J, Tanskanen J T, Linnolahti M, et al. Structural and electronic trends among group 15 elemental nanotubes[J]. J Phys Chem C, 2009, 113(28): 12220 – 12224.

[32] Koroteev Y M, Bihlmayer G, Gayone J E, et al. Strong spin-orbit splitting on Bi surfaces[J]. Phys Rev Lett, 2004, 93(4): 046403 – 046406.

[33] Koroteev Y M, Bihlmayer G, Chulkov E V, et al. First-principles investigation of structural and electronic properties of ultrathin Bi films[J]. Phys Rev B, 2008, 77(4): 045428 – 045434.

[34] Novoselov K. Graphene: mind the gap[J]. Nat Mater, 2007, 6(10):

720 – 721.

［35］Barone V，Hod O，Scuseria G E. Electronic structure and stability of semiconducting graphene nanoribbons［J］. Nano Lett，2006，6(12)：2748 – 2754.

［36］Son Y W，Cohen M L，Louie S G. Energy gaps in graphene nanoribbons ［J］. Phys Rev Lett，2006，97(21)：216803 – 216806.

［37］Han M Y，Ozyilmaz B，Zhang Y B，et al. Energy band-gap engineering of graphene nanoribbons［J］. Phys Rev Lett，2007，98(20)：206805 – 206808.

［38］Nakada K，Fujita M，Dresselhaus G，et al. Edge state in graphene ribbons：nanometer size effect and edge shape dependence［J］. Phys Rev B，1996，54(24)：17954 – 17961.

［39］Wakabayashi K，Fujita M，Ajiki H，et al. Electronic and magnetic properties of nanographite ribbons［J］. Phys Rev B，1999，59(12)：8271 – 8282.

［40］Son Y W，Cohen M L，Louie S G. Half-metallic graphene nanoribbons ［J］. Nature，2006，444(7117)：347 – 349.

［41］Kan E J，Li Z，Yang J L，et al. Half-metallicity in edge-modified zigzag graphene nanoribbons［J］. J Am Chem Soc，2008，130(13)：4224 – 4225.

［42］Ci L J，Xu Z P，Wang L L，et al. Controlled nanocutting of graphene ［J］. Nano Research，2008，1(2)：116 – 122.

［43］Li X L，Wang X R，Zhang L，et al. Chemically derived，ultrasmooth graphene nanoribbon semiconductors［J］. Science，2008，319(5867)：1229 – 1232.

［44］Sun L，Li Y，Li Z，et al. Electronic structures of SiC nanoribbons［J］. J Chem Phys，2008，129(17)：174114.

［45］Yan H，Johnson J，Law M，et al. ZnO nanoribbon microcavity lasers ［J］. Adv Mater，2003，15(22)：1907 – 1911.

［46］Zhu L Y，Wang J L，Chen Q. Edge-passivation induced half-metallicity of zigzag zinc oxide nanoribbons［J］. Appl Phys Lett，2009，95(13)：133116 – 133118.

［47］Botello-Mendez A R，López-Urias F，Terrones M，et al. Magnetic behavior in zinc oxide zigzag nanoribbons［J］. Nano Lett，2008，8(6)：1562 – 1565.

［48］Li Y，Zhou Z，Zhang S，et al. MoS_2 nanoribbons：high stability and unusual electronic and magnetic properties［J］. J Am Chem Soc，2008，130(49)：16739 – 16744.

［49］He T，Pan F，Xi Z，et al. First-Principles Study of Titania Nanoribbons：formation，energetics，and electronic properties［J］. J Phys Chem C，2010，114(20)：9234 – 9238.

［50］Aufray B，Kara A，Vizzini S，et al. Graphene-like silicon nanoribbons on

Ag(110)：a possible formation of silicene[J]. Appl Phys Lett，2010，96(18)：183102 - 183103.

[51] Kresse G，Hafner J. Ab initio molecular dynamics for open-shell transition metals[J]. Phys Rev B，1993，48(17)：13115 - 13118.

[52] Kresse G，Furthmüller J. Efficiency of ab-initio total energy calculations for metals and semiconductors using a plane-wave basis set[J]. Comput Mater Sci，1996，6(1)：15 - 50.

[53] Blöchl P E. Projector augmented-wave method[J]. Phys Rev B，1994，50(24)：17953 - 17979.

[54] Kresse G，Joubert D. From ultrasoft pseudopotentials to the projector augmented-wave method[J]. Phys Rev B，1999，59(3)：1758 - 1775.

[55] Perdew J P，Burke K，Ernzerhof M. Generalized gradient approximation made simple[J]. Phys Rev Lett，1996，77(18)：3865 - 3868.

[56] Shenoy V B，Reddy C D，Ramasubramaniam A，et al. Edge-stress-induced warping of graphene sheets and nanoribbons[J]. Phys Rev Lett，2008，101 (24)：245501 - 245504.

[57] Bets K，Yakobson B. Spontaneous twist and intrinsic instabilities of pristine graphene nanoribbons[J]. Nano Research，2009，2(2)：161 - 166.

[58] Zhu L Y，Wang J L，Zhang T T，et al. Mechanically robust tri-wing graphene nanoribbons with tunable electronic and magnetic properties[J]. Nano Lett，2010，10(2)：494 - 498.

[59] Lebègue S，Klintenberg M，Eriksson O，et al. Accurate electronic band gap of pure and functionalized graphane from GW calculations[J]. Phys Rev B，2009，79(24)：245117 - 245121.

[60] Streitwieser A. Molecular Orbital Theory for Organic Chemists[M]. New York：Wiley，1961.

[61] Heeger A J，Kivelson S，Schrieffer J R，et al. Solitons in conducting polymers[J]. Rev Mod Phys，1988，60(3)：781 - 850.

[62] Le Lay G，Aufray B，Léandri C，et al. Physics and chemistry of silicene nano-ribbons[J]. Appl Surf Sci，2009，256(2)：524 - 529.

4.2　MoS_2异构体电子结构的第一性原理研究

4.2.1　MoS_2研究概述

由于石墨烯具有独特的力学、物理和化学性质，因此，自从石墨烯被成功剥离出来之后[1],就迅速吸引了众多研究者的目光[2].非常高的载流子迁移率使得石墨烯成为纳米电子学的候选材料.然而,不幸的是,石墨烯的零带隙结构导致基于石墨烯的场效应晶体管的开关电流比太小[3,4],这将不利于其在半导体器件中的应用[5].最近,另一种二维材料 MoS_2 吸引了实验和理论工作者的注意.体相 MoS_2 材料具有类似于石墨的层状结构,所以单层 MoS_2 也能够像石墨烯一样通过剥离法获得[6].跟石墨烯不同,单层 MoS_2 是直接带隙半导体[7].另外,实验研究发现 MoS_2 具有优异的输运性质,如高载流子迁移率[8,9]、几乎理想的亚阈值摆幅[8,9]和在一定电压范围内稳定的电流饱和[8],这说明 MoS_2 薄膜可能成为纳米电子器件的理想候选材料.

尽管单层 MoS_2 是直接带隙半导体,但是比较大的带隙(1.9 eV)[7]表明它不适合应用于红外器件中.虽然随着 MoS_2 薄膜层数的增加,其带隙会逐渐减小,但是当层数大于等于两层时,会发生从直接带隙到间接带隙的转变[10],这将降低其在光电器件中的应用.那么,有什么方法能够既降低 MoS_2 的带隙,又保持它直接带隙的性质呢?

从实验角度来说,通过化学气相沉积法(CVD)生长的 MoS_2 会包含很多的晶界[11,12].晶界通常由四元环、五元环、七元环、八元环以及六元环组成[11,12].而且,这些非六元环使得 MoS_2 出现了中等带隙电子态[12].这些结果表明在 MoS_2 中掺入非六元环能够减小它的带隙.如果所有的六元环都被四元环和八元环替代的话,所形成的 MoS_2 同素异形体(H48)在费米面附近表现出能量分散性,并且带隙也会消失[13].接下来,Terrones 和合作者[14]将研究扩展到了其他的二维过渡金属二硫化物 TMX_2(TM=Mo,W,Nb;X=S,Se).他们发现所有的 H48 同素异形体表现出半金属性或金属性,尽管它们传统的对应物都是半导体[14].然而,类似于石墨烯,H48 的半金属性也成为其在半导体方面应用的弱点.虽然将六元环全部替代成四元环和八元环能够使 MoS_2 的带隙消失,但是我们可以保留一部分六元环来得到窄带直接带隙半导体.这种由四元环、六元环和八元环组成的新的 MoS_2 同素异形体 H468 比 H48 在能量上更加稳定.而且正如我们所料,H468 是窄带直接带隙半导体,这将使它在近红外光电器件的应用方面发挥作用.

4.2.2 密度泛函理论计算方法

所有的计算都是在基于第一性原理的 ESPRESSO 软件包[15]中完成的.电子和离子间的相互作用是通过缀加平面波赝势[16]模拟的.而电子间的交换关联相互作用是用 Perdew、Burke 和 Ernzerhof (PBE)[17]参数化的广义梯度近似描述的.波函数用平面波基展开,截断能是 30 Ry.布里渊区采样选择 $10 \times 6 \times 1$ 的 Monkhorst-Pack[18]网格.截断能和网格的大小经过严格测试,使得每个原子上总能量的变化范围在几个毫电子伏特内.结构在没有限制对称性的条件下充分优化,直到原子上的力小于 1.0×10^{-4} Ry/Bohr.能量的收敛标准设置成 1.0×10^{-6} Ry.我们利用密度泛函微扰理论来计算结构的声子散射[19].

4.2.3 H468 的结构参数

图 4.2-1 显示了 H468 的结构,其中矩形框代表 H468 的元胞.优化后的晶格常数 a 和 b 分别为 5.85 Å 和 10.14 Å.根据 D_{2h} 点群对称性,H468 中的 Mo 和 S 原子可以分成两种类型.我们把处于四元环顶点处的 Mo 和 S 原子称为 A 类原子,记作 Mo_A 和 S_A,然后把其他的原子称为 B 类原子.不同类型的 Mo 和 S 原子之间的键长(Mo_A—S_A、Mo_A—S_B、Mo_B—S_A 和 Mo_B—S_B)都总结在了表 4.2-1 里.很明显,B 类 Mo 原子和 A 类或 B 类 S 原子之间的键长非常接近常规 MoS_2(简单记为 H6)中的数值.但是,A 类 Mo 原子和相邻的 S 原子之间的键长相比于 H6 来说却明显变长了.这是因为这些四元环之间的键相比

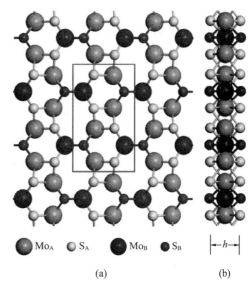

图 4.2-1 H468 的顶视图和侧视图,矩形框代表 H468 的元胞

于它们在 H6 中的构型变形太大了.另外,上层和下层 S 原子之间的垂直距离 h 的平均值约 3.128 Å,这也跟它们在 H6 中的相应数值非常接近.

表 4.2-1 H468、H48 和 H6 的结构参数

结构参数/Å	H468	H48	H6
Mo_A—S_A	2.444		
Mo_A—S_B	2.454	2.469	2.418
Mo_B—S_A	2.421		
Mo_B—S_B	2.427		
h	3.128	3.080	3.136

4.2.4 H468 的热力学和动力学稳定性

这种由非六元环组成的结构在石墨烯中称为 Haecklites[20,21].对于 Haeckelite 石墨烯来说,因它们的排列方式不同,其能量比常规的石墨烯高 0.30～0.40 eV/atom[20,21].然而 Haeckelite 石墨烯的同素异形体在能量上比 C_{60} 分子还要稳定[21].为了考察 MoS_2 的 Haeckelite 同素异形体与常规 MoS_2 的相对稳定性,我们利用以下公式计算了它们的结合能(E_C):

$$E_C = \frac{E_{\text{total}} - n \times E(\text{Mo}) + 2n \times E(\text{S})}{3n} \qquad (4.2\text{-}1)$$

这里的 n 是体系中 Mo 原子的总数，$E(\text{Mo})$、$E(\text{S})$ 和 E_{total} 分别是单个 Mo 原子的能量、单个 S 原子的能量和体系的总能量. H468 的结合能在 -4.65 eV/atom 左右，这个数值比常规的 MoS_2 大约高 0.19 eV/atom. 但是 H468 的结合能却比 H48 低 0.08 eV/atom，因此也就比 H48 更加稳定，这一点可以从它们的结构差异性来理解. 例如，H48 中 Mo—S 键相比于 H6 和 H468 中的数值更大（图 4.2-1）. 另外，H48 中两层 S

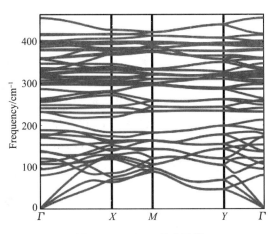

图 4.2-2　H468 的声子谱

原子之间的垂直距离 h 更小，而 H468 中的 h 数值却跟 H6 中的很接近. 所有这些结果表明 H48 的结构变形相比于 H468 更大，这使得它的稳定性相对更弱. 此外，图 4.2-2 中还给出了 H468 的声子散射图来评价它的动力学稳定性. 从图 4.2-2 中可以很明显地看到，在整个布里渊区没有发现声子虚频，这表明这种 Haeckelite 结构在动力学上是稳定的.

4.2.5　H468 的电子性质

图 4.2-3 展示了 H468 的能带和态密度（DOS）. 很明显地，H468 是窄带直接带隙半导体，利用 PBE 泛函计算的带隙约为 0.40 eV. 这个数值比 H6 的带隙（1.90 eV）[7]要小很多. 然而，PBE 泛函通常会低估半导体的带隙. 这个问题可以通过采用杂化泛函[22]或者准离子近似（GW）来解决[23]. 为了提高带隙计算的精确性，我们利用 Gaussian-attenuating-PBE（GAU-PBE）[24]杂化泛函来描述电子间的交换关联相互作用. 而且，GAU-PBE 杂化泛函在波矢接近 0 时不会出现积分奇点的问题，这是因为改进后的库仑势近似为高斯函数. 更重要的是，GAU-PBE 泛函相比于其他泛函（比如 PBE0 and HSE06）的优越性在于它所耗计算资源最少，并且带隙的精确度也得到了改善[25]. 利用 GAU-PBE 杂化泛函计算得到的 H468 的带隙为 0.65 eV 左右，这种中等的直接带隙将拓宽它在纳米电子学、光电子器件尤其是红外探测器方面的应用. 实际上，由于传统的单层 MoS_2 带隙较大，并不适合应用于红外探测器. 虽然多层 MoS_2 薄膜能够使带隙减小，但是出现的直接-间接带隙的转变却不利于光吸收效率. 因此，MoS_2 的 Haeckelite 同素异形体（H468）将会成为应用于红外探测器中光电子器件的候选材料.

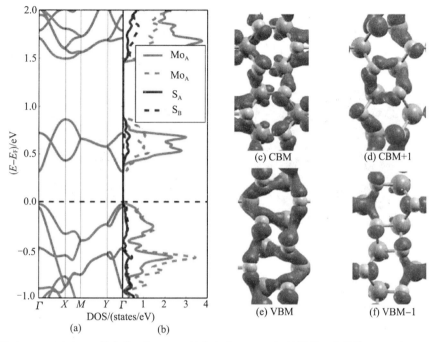

图 4.2-3 （a）H468 的能带；（b）H468 的态密度；（c）～（f）最低的两个导带（CBM 和 CBM＋1）和最高的两个价带（VBM 和 VBM－1）在 Γ 点处对应的电荷密度分布

此外，我们通过 DOS 分析还发现两条最低的导带（CBs）主要是由 Mo_A 和 S_A 原子之间的成键作用形成的［图 4.2-3（b）］. 在 0.4～1.0 eV 的能量范围内，由 B 类 Mo 和 S 原子贡献的 DOS 相比于 A 类 Mo 和 S 原子的贡献小很多. 为了进一步理解这两条导带（CBM 和 CBM＋1），我们画出了这两条导带在 Gamma 点处的轨道图，并显示在图 4.2-3 中. 从图 4.2-3（d）中可以看出，CBM＋1 带主要分布在四元环附近，其主要是由 A 类 Mo 和 S 原子组成的. 对于价带（VBs），A 类 Mo、S 原子和 B 类 Mo、S 原子的贡献几乎相等，这与图 4.2-3（e）和图 4.2-3（f）给出的价带实空间电荷密度一致.

4.2.6　模拟 STM 图像

为了帮助实验工作者来分辨这种奇特的 MoS_2 Haeckelite 同素异形体，我们还利用 Tersoff-Hamann 方法[26] 模拟了 H468 在正偏压和负偏压下的 STM 图像. 如图 4.2-4 所示，正偏压下的 STM 图像与负偏压下的 STM 图像有明显的差别. 具体来说，在正偏压下只有 A 类 S 原子表现为亮点. 但是加上负偏压时，A 类和 B 类 S 原子都表现成 STM 图像上的亮点. 这种不同的性质可以从 DOS 图上很好地理解. 当偏压是正值（负值）时，STM 图像主要是由未占据的导带（占据的价带）贡献的. 正如上文所解释的，导带主要是由 A 类 Mo 和 S 原子之间的成键构成的，因此，STM 图像中只能观察到 A 类 S 原子. 因 A 类和 B 类 S 原子对价带的贡献几乎相等,因此,当偏压是负值时,所有的 S 原子在 STM 图像中都表示为亮点. 上述性质跟 DOS 图中观察到的是一致的,并且将来可以帮助实验工作者来分辨这种特殊的 MoS_2 同素异形体.

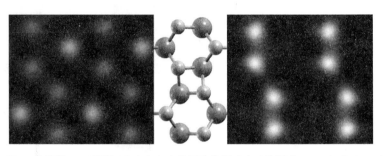

图 4.2-4　H468 的模拟 STM 图像(左边和右边的图片分别对应于偏压为-0.5 V 和$+0.5$ V 的情形)

4.2.7　讨论

最后,有人可能会关心怎么能合成这种 Haeckelite 结构. 想要得到由四元环、六元环和八元环组成的一整片均匀 H468 结构可能比较困难,但是至少要得到 H468 的同素异形体小的区域片段仍然是可行的. 它们能够在取向不一致的 MoS_2 晶粒之间的晶界处形成[11,12]. 另外,还可以通过电子辐射在纯 MoS_2 上制造四元环和八元环等拓扑缺陷. 这种方法已经运用在石墨烯上用来产生非六元环[27]. 然而,考虑到 Mo 原子比 C 原子质量重,电子束的动能和用量都需要增加. 另一种方法是利用 Terrones 等[14]提出的离子撞击(比如氦离子束)来产生四元环和八元环. 对 MoS_2 中带隙和非六元环的浓度之间定量关系的研究表明它们之间是相互抑制的. 这是因为包含任意浓度非六元环的 MoS_2 失去了平移对称性,或者说必须要用一个非常大的元胞才能容纳这些原子. 这将使得计算比较缓慢,并且要采用有效算法,如线性标度的 DFT 方法,而这些都超出了本书的讨论范围,故暂不讨论.

4.2.8　小结

总而言之,我们提出了一种奇特的 MoS_2 的 Haeckelite 同素异形体 H468,它是由四元环、六元环和八元环组成的. 从能量角度来说,H468 比另一种由四元环和八元环组成的同素异形体 H48 更加稳定. 对 H468 声子散射的计算结果也表明它在动力学上是稳定的. 此外,H468 是窄带直接带隙半导体,通过杂化泛函计算的带隙在 0.65 eV 左右. 这个数值比常规 MoS_2 的带隙小很多. 从最低的两个导带的 DOS 和实空间电荷密度的结果我们还发现,导带主要是由 A 类 Mo 和 S 原子之间的成键作用构成,而 A 类和 B 类 Mo 和 S 原子对于价带的贡献几乎相等. 这种差异导致了在加正向和负向偏压时 STM 图像的不同,这种不同也有利于实验工作者来分辨这种

MoS$_2$的同素异形体.相比于常规的 MoS$_2$来说,H468 具有更小的直接带隙,这使得这种新的 MoS$_2$同素异形体可能在纳米电子学和近红外光电子器件方面发挥重要的作用.

参考文献

[1] Novoselov K S，Geim A K，Morozov S V，et al. Electric field effect in atomically thin carbon films[J]. Science, 2004, 306(5696): 666 - 669.

[2] Castro Neto A H，Guinea F，Peres N M R，et al. The electronic properties of graphene[J]. Rev Mod Phys, 2009, 81(1): 109 - 162.

[3] Jang M S，Kim H，Son Y W，et al. Graphene field effect transistor without an energy gap[J]. Proc Natl Acad Sci USA, 2013, 110(22): 8786 - 8789.

[4] Meric I，Han M Y，Young A F，et al. Current saturation in zero-bandgap, top-gated graphene field-effect transistors[J]. Nat Nanotech, 2008, 3(11): 654 - 659.

[5] Novoselov K. Mind the gap[J]. Nat Mater, 2007, 6(10): 720 - 721.

[6] Eda G，Yamaguchi H，Voiry D，et al. Photoluminescence from chemically exfoliated MoS$_2$[J]. Nano Lett, 2011, 11(12): 5111 - 5116.

[7] Mak K F，Lee C，Hone J，et al. Atomically thin MoS$_2$: a new direct-gap semiconductor[J]. Phys Rev Lett, 2010, 105(13): 136805 - 136805.

[8] Kim S，Konar A，Hwang W S，et al. High-mobility and low-power thin-film transistors based on multilayer MoS$_2$ crystals[J]. Nat Commun, 2012, 3(1): 1 - 7.

[9] Perera M M，Lin M W，Chuang H J，et al. Improved carrier mobility in few-layer MoS$_2$ field-effect transistors with ionic-liquid gating[J]. ACS nano, 2013, 7(5): 4449 - 4458.

[10] Zhao W，Ribeiro R M，Toh M，et al. Origin of indirect optical transitions in few-layer MoS$_2$，WS$_2$，and WSe$_2$[J]. Nano Lett, 2013, 13(11): 5627 - 5634.

[11] Najmaei S，Liu Z，Zhou W，et al. Vapour phase growth and grain boundary structure of molybdenum disulphide atomic layers[J]. Nat Mater, 2013, 12(8): 754 - 759.

[12] Van Der Zande A M，Huang P Y，Chenet D A，et al. Grains and grain boundaries in highly crystalline monolayer molybdenum disulphide[J]. Nat Mater, 2013, 12(6): 554 - 561.

[13] Li W，Guo M，Zhang G，et al. ss MoS$_2$ allotrope possessing both massless Dirac and heavy fermions[J]. Phys Rev B, 2014, 89(20): 205402. -

205402.

［14］Terrones H，Terrones M．Electronic and vibrational properties of defective transition metal dichalcogenide Haeckelites：new 2D semi-metallic systems ［J］．2D Mater，2014，1(1)：011003 - 011003.

［15］Giannozzi P，Baroni S，Bonini N，et al．QUANTUM ESPRESSO：a modular and open-source software project for quantum simulations of materials［J］. J Phys：Conden Matter，2009，21(39)：395502.

［16］Blöchl P E．Projector augmented-wave method［J］．Phys Rev B，1994， 50(24)：17953 - 17979.

［17］Perdew J P，Burke K，Ernzerhof M．Generalized gradient approximation made simple［J］．Phys Rev Lett，1996，77(18)：3865 - 3868.

［18］Monkhorst H J，Pack J D．Special points for Brillouin-zone integrations ［J］．Phys Rev B，1976，13(12)：5188 - 5192.

［19］Baroni S，De Gironcoli S，Dal Corso A，et al．Phonons and related crystal properties from density-functional perturbation theory［J］．Rev Mod Phys， 2001，73(2)：515 - 562.

［20］Crespi V H，Benedict L X，Cohen M L，et al．Prediction of a pure-carbon planar covalent metal［J］．Phys Rev B，1996，53(20)：R13303 - R13305.

［21］Terrones H，Terrones M，Hernández E，et al．New metallic allotropes of planar and tubular carbon［J］．Phys Rev Lett，2000，84(8)：1716 - 1719.

［22］Muscat J，Wander A，Harrison N．On the prediction of band gaps from hybrid functional theory［J］．Chem Phys Lett，2001，342(3 - 4)：397 - 401.

［23］Van Schilfgaarde M，Kotani T，Faleev S．Quasiparticle self-consistent g w theory［J］．Phys Rev Lett，2006，96(22)：226402 - 226402.

［24］Song J W，Giorgi G，Yamashita K，et al．Singularity-free hybrid functional with a Gaussian-attenuating exact exchange in a plane-wave basis［J］. J Chem Phys，2013，138(24)：241101 - 241101.

［25］Song J W，Yamashita K，Hirao K．Communication：a new hybrid exchange correlation functional for band-gap calculations using a short-range Gaussian attenuation (Gaussian-Perdue-Burke-Ernzerhof)［J］．J chem Phys，2001， 135，071103 - 071106.

［26］Tersoff J，Hamann D R．Theory of the scanning tunneling microscope ［J］．Phys Rev B，1985，31(2)：805 - 813.

［27］Kotakoski J，Krasheninnikov A，Kaiser U，et al．From point defects in graphene to two-dimensional amorphous carbon［J］．Phys Rev Lett，2011，106 (10)：105505 - 105505.

第 5 章

磁性质研究

本章利用自旋极化的密度泛函理论方法系统地研究了两类由 3d 过渡金属构成的分子线的磁性质. 首先, 介绍了 3d 过渡金属 (TM, TM＝Sc、Ti、V、Cr 和 Mn) 和硼氮烷 (Borazine) 组成一维无限长纳米线 [TM(Borazine)]$_\infty$ 的电子结构和磁性质, 有趣的是, 我们发现 [V(Borazine)]$_\infty$ 和 [Mn(Borazine)]$_\infty$ 纳米线均为稳定的铁磁半金属材料. 其次, 近期实验研究者成功合成出一种物理化学性质独特的一维金属 Co-dithene 分子线, 我们采用密度泛函理论系统地研究了该分子线的电子和磁学性质. 计算发现这种分子导线的基态是中等大小的间接带隙的反铁磁 (AFM) 半导体. 然而通过电子掺杂, 它可以被转变成一个有趣的铁磁 (FM) 半金属材料, 这种铁磁性的发生可以通过 Stoner 模型来解释.

5.1 过渡金属–硼氮烷三明治纳米线的电子结构与磁性质

5.1.1 三明治纳米线的研究概述

在过去的二十年里, 铁磁半金属材料受到了人们的广泛关注, 原因在于其独特的电子结构, 即某一种自旋通道表现出半导体的性质而相反的自旋通道表现出金属的特征, 这种半金属材料有望应用于自旋电子学器件的制备[1]. 理论和实验研究已经发现了很多铁磁半金属材料. 例如, Heusler 合金[2]、NiMnSb[3]、La$_{0.7}$Sr$_{0.3}$MnO$_3$[4] 以及基于石墨烯的纳米结构[5-9]. 另外, 包含 V-Bz[10,11]、Mn-Bz[10,11]、Fe-Cp、V-Cp (Cp＝cyclopentadienyl)[12-14] 以及 DNA 修饰的 V-benzimidazole 有机金属三明治纳米线[15] 等也被证实是另一系列的半金属材料.

最近, 杨金龙研究组[10] 利用第一性原理方法, 研究了 3d 过渡金属 (TM) 跟苯环组成的多层三明治纳米线 [TM(Bz)]$_\infty$ (TM＝Sc、Ti、V、Cr 和 Mn). 他们发现 [Sc(Bz)]$_\infty$ 和 [Ti(Bz)]$_\infty$ 纳米线分别是抗磁和反铁磁金属, [Cr(Bz)]$_\infty$ 纳米线是非磁半导体, 而 [V(Bz)]$_\infty$ 和 [Mn(Bz)]$_\infty$ 纳米线却分别是稳定的铁磁准半金属和铁磁半金属. 另外, Maslyuk 等人[11] 还发现将有限长的 V-Bz 三明治团簇置于 Co 电极或 Ni 电极之间时, 它会表现出非常好的自旋滤波效应. 随后, Yang 小组[12] 报道了另一种稳定的有机金属三明治纳米线——[Fe(Cp)]$_\infty$, 他们的研究表明, 将 Fe-Cp 三明治团簇置于铁磁电极之间时,会表现出更高的自旋滤波效应;更有趣的是,$[Fe(Cp)]_\infty$还具有负微分电阻效应,这种效应将可能带来一些新的电子学应用;他们进一步指出,这种TM-Cp三明治纳米线的半金属性和铁磁性的机制是由TM^+的$3d$电子和Cp^-的$2p$电子之间的超交换耦合引起的[13].这与TM-Bz三明治纳米线铁磁耦合机制不同,TM-Bz三明治纳米线的半金属和铁磁性起源于双交换作用[10].

硼氮烷(Borazine,$B_3N_3H_6$)具有与苯环相同的电子数和几何结构,它被称为无机苯环,因此,我们预测TM-Borazine三明治纳米线也会表现出与TM-Bz相似的电磁性质.另外,硼氮烷比苯环的芳香性要低[16],比如对$Cr(Borazine)_2$的研究还表明Cr跟硼氮烷之间的相互作用比Cr跟苯环之间的相互作用要弱[17],那么这种较弱的芳香性会不会给TM-Borazine三明治纳米线带来一些不同于TM-Bz纳米线的性质呢?我们对在周期表中位置靠前的$3d$过渡金属和由硼氮烷组成的TM-Borazine(TM=Sc-Mn)团簇以及一维无限长纳米线进行了系统的理论研究,结果发现$[V(Borazine)]_\infty$和$[Mn(Borazine)]_\infty$三明治纳米线的基态也是稳定的半金属铁磁体,因此,其有望应用于自旋电子器件的制备.

5.1.2 密度泛函理论计算方法和模型

一维无限长纳米线的计算是基于密度泛函的VASP软件包[18,19],交换关联泛函选择基于GGA近似的PBE泛函[20],离子与电子之间的相互作用选择PAW赝势[21,22].波函数采用平面波基函数展开,平面波基组的截断能设为400 eV.结构优化采用共轭梯度方法优化构型,直至离子的受力小于0.01 eV/Å,能量的收敛标准为10^{-6} eV.倒空间采样根据Monkhorst-Pack方法[23]选用了$1\times1\times45$的k点网格.为了同时考虑铁磁和反铁磁两种磁序,我们使用了$16\times16\times C$ Å^{3}大小的超元胞,其中包含了两个过渡金属原子和两个$B_3N_3H_6$分子.此外,我们还考虑Borazine分子不同的相对位置,即重叠构型和交错构型,如图5.1-1所示.

对于有限长度的TM-Borazine团簇的计算采用基于密度泛函的DMol^{3}软件包[24,25],交换关联泛函同样选择了PBE泛函,DMol^{3}是基于数值局域原子轨道基组的,在计算中选择加入了极化函数的双数值基(即DNP).电子和离子实之间的相互作用由基于密度泛函的相对论性赝势描述(DSPP)[26].我们比较了DSPP赝势和全电子计算的结果,对于TM-Borazine团簇DSPP赝势,可以给出与全电子计算相同的电磁性质.自洽场计算的收敛标准为两次迭代计算给出的能量差小于10^{-6} a.u.,团簇的结构优化采用Broyden-Fletcher-Goldfarb-Shanno算法,收敛标准为作用于原子的力和原子位移分别小于10^{-5}a.u.和10^{-3} a.u..我们还计算了优化后构型的频率,以证明其是局域极小.

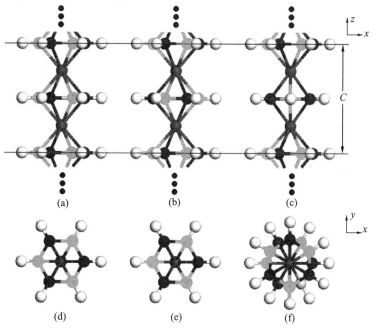

图 5.1-1 TM-Borazine 分子线的侧视图和顶视图. (a) eclipsed-1(E1)构型,某一六元环中的 B 与相邻环中的 B 原子重叠;(b)eclipsed-1(E1)构型,某一六元环中的 B 与相邻环中的 N 原子重叠;(c)staggered(S)交错构型;(d)～(f)为(a)～(c)相应的顶视图

5.1.3 有限长度的 TM-Borazine 三明治团簇

首先,我们研究了 TM-Borazine 三明治团簇的键合方式和稳定性情况.考虑了重叠结构和交错结构这两种初始构型,分别标记为 E 和 S.重叠结构根据 B 和 N 的相对位置又可以分为两种,如图 5.1-1(a)和图 5.1-1(b)所示分别标记为 E1 和 E2.为了考察[TM(Borazine)]$_\infty$纳米线的稳定性,我们首先研究了最小的构建单元,即 TM(Borazine)$_2$三明治团簇.从表 5.1-1 可以清楚地看出,除了 Mn(Borazine)$_2$之外,所有三明治团簇的最低能量构型都是 E2 构型,而 Mn(Borazine)$_2$的最低能量构型为 E1,并且其 E1 构型比 E2 构型低 0.15 eV.交错构型大多是不稳定的,并且优化之后会变成重叠结构.过渡金属原子和硼氮烷配体的垂直距离与 TM(Bz)$_2$三明治团簇中的趋势是一样的,也就是 Cr<Mn<V<Ti<Sc,并且数值大小也跟 TM(Bz)$_2$的结果很接近[27].此外,具有奇数价电子数目的 TM(Borazine)$_2$团簇具有 1 μ_B 的磁矩,然而具有偶数价电子数目的团簇则都是非磁性的,这也跟相应的 TM(Bz)$_2$团簇一致[27].

表 5.1-1　TM(Bz)₂ 团簇(TM＝Sc、Ti、V、Cr 和 Mn)的结构参数和电磁性质

TM	最低能量构型 LEC	点群对称性 PGS	TM 到硼氮烷质心的距离 D /Å	E1 和 E2 之间的能量差 ΔE /eV	结合能 BE /eV	HOMO-LUMO gap /eV	总磁矩 /μ_{Tot}	价电子组态 VEC
Sc	E2	C_{2h}	1.95	0.13	2.52	0.55	1	$(3da_g)^1(3db_g)^1(3da_g)^1$
Ti	E2	D_{3d}	1.77	0.35	2.91	1.17	0	$(3de_g)^4$
V	E2	D_{3d}	1.70	0.26	3.28	1.40	1	$(3de_g)^2(3da_{1g})^1(3de_g)^2$
Cr	E2	D_{3d}	1.64	0.16	1.76	2.61	0	$(3de_g)^4(3da_{1g})^2$
Mn	E1	C_{2v}	1.65	-0.15	1.11	1.12	1	$(3db_1)^1(3da_1)^1(3db_1)^1(3da_1)^3(3db_2)^1$

结合能(BE)可以用来考察团簇的稳定性,其定义如下:

$$BE[\text{TM(Borazine)}_2] = E[\text{TM}] + 2 \times E[\text{Borazine}] - E[\text{TM(Borazine)}_2]$$

$$(5.1\text{-}1)$$

其中 $E[\cdot]$ 分别代表单个过渡金属原子、硼氮烷分子以及 TM(Borazine)₂ 团簇的能量. 如表 5.1-1 所示,所有的结合能都是正值,这就表明所有 TM(Borazine)₂ 团簇的形成过程都是放热的,因而这些团簇具有较高的热稳定性. 具体来说,Sc(Borazine)₂、Ti(Borazine)₂ 和 V(Borazine)₂ 团簇相对于 Cr(Borazine)₂ 和 Mn(Borazine)₂ 团簇具有更高的结合能.

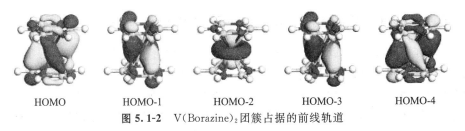

| HOMO | HOMO-1 | HOMO-2 | HOMO-3 | HOMO-4 |

图 5.1-2　V(Borazine)₂ 团簇占据的前线轨道

Sc(Borazine)₂、Ti(Borazine)₂ 和 V(Borazine)₂ 具有相对高的结合能,这可以从团簇不同的成键方式来理解. 这里我们以 V(Borazine)₂ 为例来研究占据前线轨道的等密度面. 从图 5.1-2 中可以清楚地看到,最高占据的分子轨道(HOMO)、HOMO-1、HOMO-3、HOMO-4 均为成键 δ 轨道 $[e_g : d_{x^2-y^2}, d_{xy}]$,因而 V-B 原子之间具有很强的杂化作用(共价结合),导致了 V(Borazine)₂ 具有最大的结合能. 此外,如表 5.1-1 所示,Sc(Borazine)₂、Ti(Borazine)₂ 以及 V(Borazine)₂ 团簇的 HOMO 轨道都是成键的 δ 轨道 $[3da_g(d_{x^2-y^2}, d_{xy})、3de_g(d_{x^2-y^2}, d_{xy})$ 和 $3de_g(d_{x^2-y^2}, d_{xy})]$,而 Cr(Borazine)₂ 和 Mn(Borazine)₂ 的 HOMO 轨道是非键 σ 轨道 $[3da_{1g}(3d_{z^2})]$ 或者反键轨道 $[3db_2(3d_{xz}, 3d_{yz})]$. 因此,前三种团簇的结合能比后两种团簇的结合能要高. 而 Mn(Borazine)₂ 团簇是所有的团簇中非键和反键轨道数量最多的,所以它的结合能最小. 虽然 Cr(Borazine)₂ 团簇也有两个非键轨道,但是它满足 18 电子规则,因此,

它的结合能比 Mn(Borazine)$_2$ 团簇略高一些.

5.1.4　一维[TM-Borazine]$_\infty$纳米线

一维[TM(Borazine)]$_\infty$纳米线的结构参数列在表 5.1-2 中.虽然每一个超胞都包含两个过渡金属原子,有可能发生二聚化,但是优化之后 TM-Borazine 之间的距离都是相同的.当 TM＝Sc、Ti、V 和 Cr 时,[TM(Borazine)]$_\infty$的基态结构是 E2 构型,而[Mn(Borazine)]$_\infty$的最低能量结构却是 E1 构型.对于 TM＝Sc、Ti、Cr 和 Mn 来说,交错构型都是不稳定的,优化之后它们都会变成重叠的 E2 构型.唯一稳定的交错构型是[V(Borazine)]$_\infty$,但其能量要比相应的 E2 构型高 0.088 eV.值得一提的是,TM-Borazine 之间的垂直距离表现出与 TM-Bz 纳米线相似的趋势,即 Cr＜V＜Mn＜Ti＜Sc.

表 5.1-2　TM(Bz)$_2$团簇(TM＝Sc、Ti、V、Cr、和 Mn)的结构参数和电磁性质

TM	最低能量构型 LEC	晶格常数 C/Å	E1 和 E2 之间的能量差 ΔE/eV	AFM 和 FM 磁序之间的能量差 $\Delta E_{\text{AFM-FM}}$/eV	平均结合能 BE/eV	总磁矩 μ_{Tot}	局域过渡金属原子的磁矩 μ_{TM})	基态磁序和导电性
Sc	E2	7.65	0.24		2.92	0	0	NM Metal(非磁性金属)
Ti	E2	7.21	0.20	−0.014	3.58	0	±1.0	AFM Metal(反铁磁金属)
V	E2	6.80	0.27	0.19	2.49	1	1.0	FM Half Metal(铁磁半金属)
Cr	E2	6.63	0.30		0.51	0	0	NM Semiconductor(非磁性半导体)
Mn	E1	7.15	−0.23	0.35	0.49	3	3.1	FM Half Metal(铁磁半金属)

[TM(Borazine)]$_\infty$纳米线结合能 BE 的定义如下:

$$BE([\text{TM(Borazine)}]_\infty) = \frac{2 \times E[\text{TM}] + 2 \times E[\text{Borazine}] - E[[\text{TM(Borazine)}]_\infty]}{2}$$

(5.1-2)

其中 $E[\cdot]$ 分别为单个过渡金属原子、硼氮烷分子以及[TM(Borazine)]$_\infty$纳米线对应的能量.与团簇类似,Sc、Ti、V 与硼氮烷组成的纳米线要比 Cr、Mn 与硼氮烷组成的纳米线更稳定.在所有的[TM(Borazine)]$_\infty$纳米线中,Sc 和 Cr 与硼氮烷组成的纳米线都是非磁性的,而从电子结构的角度来说,它们分别是金属性和半导体性的.[Ti(Borazine)]$_\infty$纳米线也是金属性的,但其反铁磁态的能量比铁磁态的能量低 0.014 eV.更有意思的是,V 和 Mn 与硼氮烷组成的纳米线都是很稳定的铁磁半金属,而且这两种纳米线的反铁磁态能量分别比相应的铁磁态能量高 0.19 eV 和 0.35 eV.

因为 V 和 Mn 与硼氮烷组成的纳米线表现出了非常奇特的电子性质和磁性质,也就是铁磁半金属的性质,所以下面的讨论主要集中在这两种纳米线.图 5.1-3 显示了 V 和 Mn 与硼氮烷构成的纳米线的能带结构和态密度.很明显,V(Mn)-Borazine 纳米线自旋向上通道的间接带隙(直接带隙)为 1.02(1.90) eV,而自旋向下通道有

两个简并的能带穿过费米面. 在对称性为 D_{3h} 或者 D_{3d} 情况下, 过渡金属的 $3d$ 能级可以划分为以下三部分: 非简并的 d_{z^2} 能级 (a_1)、双重简并的 $(d_{x^2-y^2}, d_{xy})$ 能级 (e_1) 和双重简并的 (d_{xz}, d_{yz}) 能级 (e_2). 我们把各个能带中占主导地位的轨道标记出来 (图 5.1-3), 对 $[\text{V(Borazine)}]_\infty$ 来说, 费米面附近自旋向上的 d_{z^2} 和 $(d_{x^2-y^2}, d_{xy})$ 能带被 4 个电子完全占据, 而在相反的自旋态时, 一个电子占据 $(d_{x^2-y^2}, d_{xy})$ 能带且一个电子部分占据 d_{z^2} 和 $(d_{x^2-y^2}, d_{xy})$ 能带. 因此, 在自旋向上通道有两个未配对电子, 正好对应纳米线中每个 V 原子 $1\mu_B$ 的磁矩. $[\text{V(Borazine)}]_\infty$ 的磁性质与 $[\text{V(Bz)}]_\infty$ 纳米线的磁性质是类似的[10].

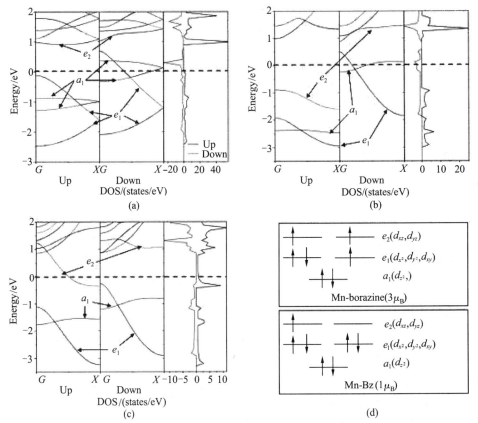

图 5.1-3 (a) $[\text{V(Borazine)}]_\infty$ 的能带和态密度; (b) $[\text{Mn(Borazine)}]_\infty$ 的能带和态密度; (c) $[\text{Mn(Bz)}]_\infty$ 的能带和态密度; (d) $[\text{Mn(Borazine)}]_\infty$ 和 $[\text{Mn(Bz)}]_\infty$ 的价电子组态. 图中的符号 a_1、e_1 和 e_2 分别表示非简并的 d_{z^2}、双重简并的 $(d_{x^2-y^2}, d_{xy})$ 和 (d_{xz}, d_{yz}) 轨道, (d) 图中向上和向下的箭头分别表示自旋向上和自旋向下的电子

然而, $[\text{Mn(Borazine)}]_\infty$ 的磁性质跟 $[\text{Mn(Bz)}]_\infty$ 纳米线则非常不同, $[\text{Mn(Borazine)}]_\infty$ 和 $[\text{Mn(Bz)}]_\infty$ 纳米线中每个 Mn 原子局域磁矩分别为 $3\mu_B$ 和 $1\mu_B$. $[\text{Mn(Borazine)}]_\infty$ 中磁矩的增强可以从图 5.1-3(b)~图 5.1-3(d) 中 $[\text{Mn(Borazine)}]_\infty$ 和 $[\text{Mn(Bz)}]_\infty$ 的能带结构和价电子组态来理解. 在 $[\text{Mn(Bz)}]_\infty$ 中自旋向上以及向下通

道的 d_{z^2} 和 $(d_{x^2-y^2}, d_{xy})$ 能带都被完全占据,而自旋向上通道半占据的 (d_{xz}, d_{yz}) 能带使得总磁矩为 1 μ_B 且自旋向下带隙为 1.14 eV. 然而 $[\mathrm{Mn(Borazine)}]_\infty$ 纳米线的自旋劈裂更加显著,自旋向上轨道的 d_{z^2}、$(d_{x^2-y^2}, d_{xy})$ 和 (d_{xz}, d_{yz}) 能带首先被 5 个价电子占据,而剩下的两个价电子部分占据自旋向下轨道的 d_{z^2} 和 $(d_{x^2-y^2}, d_{xy})$ 能带,从而导致未占据的 (d_{xz}, d_{yz}) 能带位于费米面以上,所以自旋向上通道剩下的三个未配对电子使得 $[\mathrm{Mn(Borazine)}]_\infty$ 中每个 Mn 原子具有 3μ_B 的局域磁矩.

为了进一步深入研究过渡金属原子和 B 或者 N 原子之间的相互作用,我们以 $[\mathrm{V(Borazine)}]_\infty$ 为例在图 5.1-4 中画出了其态密度图. 在费米面附近 $[-3.5$ eV, 0.5 eV$]$ 范围内,其电子态主要是由 V 原子的 $3d$ 态和 B 原子的 $2p$ 态之间的杂化贡献的,而 N 原子的态在此范围内非常少,它们主要集中在 $-7.5 \sim 6.5$ eV 的范围内. 这也就是说,V 原子主要是与 B 原子而不是 N 原子以共价键的形式相结合,这一点也可以从差分电荷密度得到进一步的证实. 其中差分电荷密度是根据以下公式计算的:

$$CDD([\mathrm{V(Borazine)}]_\infty) = CD(\mathrm{Borazine}) + CD(\mathrm{TM}) - CD([\mathrm{V(Borazine)}]_\infty)$$

$$(5.1-3)$$

其中,$CD(\cdot)$ 分别代表 $[\mathrm{V(Borazine)}]_\infty$、单个硼氮烷分子以及单个过渡金属原子的电荷密度. 如图 5.1-5 所示,电荷在 V 和 B 原子之间聚集,这也正好对应于它们之间的共价键特性. N 原子附近的电荷密度比较局域,与单独的硼氮烷的形状非常相似. 三明治团簇的键序分析表明,V−B 以及 V−N 之间的键序非常接近(约 2.4),这表明 V 原子跟 B 和 N 原子都成键了。进一步的布局分析表明,有部分电荷从 V 原子转移到 N 原子,由于 N 原子的电负性很高,所以 V 原子和 N 原子之间的结合主要是离子性的. 因此,我们认为共价性(TM-B)和离子性(TM-N)结合的共同作用使得 TM-Borazine 三明治团簇和纳米线非常稳定. 另外,化合物中硼氮烷的电荷密度相比于单独的硼氮烷几乎没变,这也进一步证明了 $[\mathrm{V(Borazine)}]_\infty$ 和 $[\mathrm{Mn(Borazine)}]_\infty$ 纳米线的铁磁序来源于双交换机制.

另一方面,如图 5.1-3(a) 和图 5.1-3(b) 所示,$(d_{x^2-y^2}, d_{xy})$ 能带表现出比 d_{z^2} 能带更发散的性质. 从图 5.1-4(d) 和图 5.1-4(e) 中可以很明显地看出,V 原子的 $(d_{x^2-y^2}, d_{xy})$ 态与 B 原子的 p_z 态发生了很强的杂化作用,这也是导致 $(d_{x^2-y^2}, d_{xy})$ 能带产生很大色散的原因;而 d_{z^2} 能带却表现出非键特性,因此 d_{z^2} 能带比 $(d_{x^2-y^2}, d_{xy})$ 能带更加平坦,这与在 $[\mathrm{TM(Bz)}]_\infty$ 中的情况类似[10].

如表 5.1-2 所示,除了 $[\mathrm{Mn(Borazine)}]_\infty$ 以外,$[\mathrm{TM(Borazine)}]_\infty$ 纳米线的最低能量结构都是 E2 构型,这一点也可以从差分电荷密度的角度来理解. 图 5.1-5 给出了 $[\mathrm{V(Borazine)}]_\infty$ 和 $[\mathrm{Mn(Borazine)}]_\infty$ 纳米线 E1 和 E2 两种构型的差分电荷密度. 显然,$[\mathrm{V(Borazine)}]_\infty$ E2 构型的电荷密度相对于 E1 构型来说更加离域化,而对于 $[\mathrm{Mn(Borazine)}]_\infty$ 来说,情况则完全相反. 此前的研究揭示电荷分布越离域,相应的结构越稳定[28]. 因此,$[\mathrm{V(Borazine)}]_\infty$ 和 $[\mathrm{Mn(Borazine)}]_\infty$ 纳米线分别倾向于 E2 和 E1 构型.

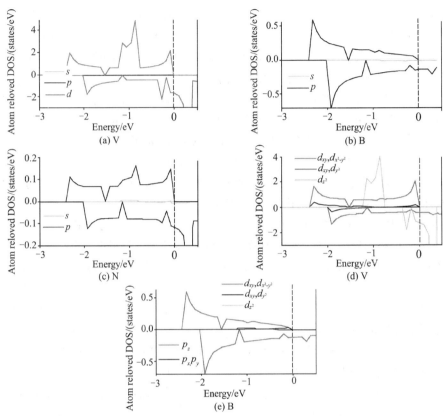

图 5.1-4 [V(Borazine)]∞ 局域于 V、B 和 N 的态密度以及 V 的 d 轨道和 B 的 p 轨道按磁量子数分解的态密度

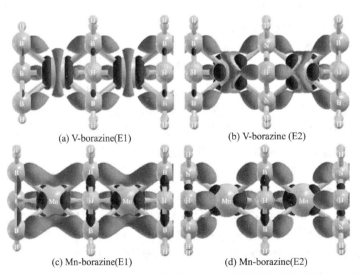

(a) V-borazine(E1)　　　　　　　(b) V-borazine (E2)

(c) Mn-borazine(E1)　　　　　　(d) Mn-borazine(E2)

图 5.1-5 V-Borazine 和 Mn-Borazine 分子线的差分电荷密度,等值面所取电荷密度分别为 0.075 e/Å³ 和 0.040 e/Å³.浅灰和深灰区域分别表示电荷密度的增加和减少

5.1.5 小结

本节我们利用密度泛函理论研究了由过渡金属与硼氮烷交替堆叠构成的三明治团簇和一维纳米线的结构、电子性质和磁性质.作为组成单元的 TM(Borazine)$_2$ 团簇从结合能角度来说都是非常稳定的,尤其是 TM＝Sc、Ti 和 V 的三明治团簇,它们的结合能均大于2.5 eV.[TM(Borazine)]$_\infty$ 纳米线表现出与[TM(Bz)]$_\infty$ 纳米线类似的电子性质和磁性质,具体地说,[Sc(Borazine)]$_\infty$ 和[Cr(Borazine)]$_\infty$ 纳米线分别是非磁性的金属和半导体,而[Ti(Borazine)]$_\infty$ 纳米线则是反铁磁金属,[V(Borazine)]$_\infty$ 和[Mn(Borazine)]$_\infty$ 纳米线都是非常稳定的铁磁半金属,因此,这两种一维纳米线有望应用于自旋电子器件的制备.TM-Borazine 三明治纳米线这些丰富的电子性质和磁性质在纳米电子学以及自旋电子学上都具有很多潜在的利用价值.

参考文献

[1] Katsnelson M I, Irkhin V Y, Chioncel L, et al. Half-metallic ferromagnets: From band structure to many-body effects[J]. Rev Mod Phys, 2008, 80(2): 315 – 378.

[2] De Groot R A, Mueller F M, Engen P G V, et al. New class of materials: half-metallic ferromagnets[J]. Phys Rev Lett, 1983, 50(25): 2024 – 2027.

[3] Hanssen K, Mijnarends P E, Rabou L, et al. Positron-annihilation study of the half-metallic ferromagnet NiMnSb: experiment[J]. Phys Rev B, 1990, 42 (3): 1533 – 1540.

[4] Kino H, Aryasetiawan F, Solovyev I, et al. GW study of half-metallic electronic structure of La$_{0.7}$Sr$_{0.3}$MnO$_3$[J]. Physica B, 2003, 329(1): 858 – 859.

[5] Son Y W, Cohen M L, Louie S G. Half-metallic graphene nanoribbons [J]. Nature, 2006, 444(7117): 347 – 349.

[6] Hod O, Barone V, Peralta J E, et al. Enhanced half-metallicity in edge-oxidized zigzag graphene nanoribbons[J]. Nano Lett, 2007, 7(8): 2295 – 2299.

[7] Kan E J, Li Z Y, Yang J L, et al. Half-metallicity in edge-modified zigzag graphene nanoribbons[J]. J Am Chem Soc, 2008, 130(13): 4224 – 4225.

[8] Dutta S, Pati S K. Half-metallicity in undoped and boron doped graphene nanoribbons in the presence of semilocal exchange-correlation interactions [J]. J Phys Chem B, 2008, 112(5): 1333 – 1335.

[9] Dutta S, Manna A K, Pati S K. Intrinsic half-metallicity in modified graphene nanoribbons[J]. Phys Rev Lett, 2009, 102(9): 096601 – 096604.

[10] Xiang H J, Yang J L, Hou J G, et al. One-dimensional transition metal-benzene sandwich polymers: possible ideal conductors for spin transport[J]. J Am

Chem Soc，2006，128(7)：2310 – 2314.

[11] Maslyuk V V，Bagrets A，Meded V，et al. Organometallic benzene-vanadium wire：a one-dimensional half-metallic ferromagnet[J]. Phys Rev Lett，2006，97(9)：097201 – 097204.

[12] Zhou L P，Yang S W，Ng M F，et al. One-dimensional iron-cyclopentadienyl sandwich molecular wire with half metallic，negative differential resistance and high-spin filter efficiency properties[J]. J Am Chem Soc，2008，130 (12)：4023 – 4027.

[13] Shen L，Yang S W，Ng M F，et al. Charge-transfer-based mechanism for half-metallicity and ferromagnetism in one-dimensional organometallic sandwich molecular wires[J]. J Am Chem Soc，2008，130(42)：13956 – 13960.

[14] Wang L，Cai Z X，Wang J Y，et al. Novel one-dimensional organometallic half metals：vanadium-cyclopentadienyl，vanadium-cyclopentadienyl-benzene，and vanadium-anthracene Wires[J]. Nano Lett，2008，8(11)：3640 – 3644.

[15] Mallajosyula S S，Pati S K. Vanadium-benzimidazole-modified sDNA：a one-dimensional half-metallic ferromagnet[J]. J Phys Chem B，2007，111(50)：13877 – 13880.

[16] Islas R，Chamorro E，Robles J，et al. Borazine：to be or not to be aromatic[J]. Struct Chem，2007，18(6)：833 – 839.

[17] Bridgeman A J. On the bonding in pi-complexes of borazine [J]. Polyhedron，1998，17(13 – 14)：2279 – 2288.

[18] Kresse G，Furthmuller J. Efficiency of ab-initio total energy calculations for metals and semiconductors using a plane-wave basis set[J]. Comput Mater Sci，1996，6(1)：15 – 50.

[19] Kresse G，Hafner J. Ab-initio molecular-dynamics for open-shell transition-metals[J]. Phys Rev B，1993，48(17)：13115 – 13118.

[20] Perdew J P，Burke K，Ernzerhof M. Generalized gradient approximation made simple[J]. Phys Rev Lett，1996，77(18)：3865 – 3868.

[21] Blochl P E. Projector augmented-wave method[J]. Phys Rev B，1994，50(24)：17953 – 17979.

[22] Kresse G，Joubert D. From ultrasoft pseudopotentials to the projector augmented-wave method[J]. Phys Rev B，1999，59(3)：1758 – 1775.

[23] Monkhorst H J，Pack J D. Special points for brillouin-zone integrations [J]. Phys Rev B，1976，13(12)：5188 – 5192.

[24] Delley B. An all-electron numerical-method for solving the local density

functional for polyatomic-molecules[J]. J Chem Phys, 1990, 92(1): 508 – 517.

[25] Delley B. From molecules to solids with the DMol(3) approach[J]. J Chem Phys, 2000, 113(18): 7756 – 7764.

[26] Delley B. Hardness conserving semilocal pseudopotentials[J]. Phys Rev B, 2002, 66(15): 155125 – 155133.

[27] Pandey R, Rao B K, Jena P, et al. Electronic structure and properties of transition metal-benzene complexes[J]. J Am Chem Soc, 2001, 123(16): 3799 – 3808.

[28] Vo T, Wu Y D, Car R, et al. Structures, interactions, and ferromagnetism of Fe-carbon nanotube systems[J]. J Phys Chem C, 2008, 112 (22): 8400 – 8407.

5.2　电子掺杂对一维 Co-dithiolene 分子线电磁性质的影响

5.2.1　分子线半金属性研究概述

半金属[1]是一种具有特殊电子性质的材料,该材料中一个自旋通道表现出金属性质,而另一个自旋通道表现出半导体性质或者绝缘性质,利用该材料可以实现 100% 自旋极化的电流. 这种不对称的电子特性使得半金属材料非常有希望应用于自旋电子[2,3]以及扫描隧道显微镜中的自旋极化尖端,也因此吸引了实验和理论研究者的广泛兴趣. 实验和理论研究者一直致力于寻找具有这种特殊电子性质的候选材料. 到目前为止,已有众多三维体材料被理论预测或实验证实是半金属材料,如 Heusler 合金(例如,XMnSb,其中 X = Fe[4]、Co[4] 和 Ni[1])、过渡金属氧化物(如 CrO_2[5] 和 Fe_3O_4[5])、钙钛矿材料(例如, Sr_2FeReO_6[6])、锰氧化物(例如, $La_{0.7}Sr_{0.3}MnO_3$[7])、铬的化合物(例如, $HgCr_2Se_4$[8])等.

除了三维体材料,最近实验和理论的研究兴趣主要集中在寻找低维半金属材料. 例如,理论研究工作发现钒-苯(Bz)构成的一维三明治分子线[VBz]$_\infty$ 是一个准半金属铁磁体[9],而[MnBz]$_\infty$分子线则是一种本征的半金属铁磁体. 进一步的输运计算发现有限长的多层的 V_nBz_{n+1} 三明治团簇耦合于铁磁性电极,表现出近乎完美的自旋过滤效应[10]. 此外,二茂铁三明治分子构成的纳米线除了具有半金属性外,还表现出奇特的负微分电阻效应,因而可用于设计一些特殊功能的电子器件[11-14]. 除了上述一维的半金属材料外,由三苯基和过渡金属原子(V、Mn 和 Fe)组成的二维六角金属有机框架也被预言具有稳定的半金属性,这一类半金属纳米结构主要依赖于掺入的过渡金属[15]. 最近,杜等人发现了一个完全由非过渡金属、半金属原子构成的二维层状材料,即石墨相氮化碳纳米薄片(g-C$_4$N$_3$),也同样表现出稳定的半金属性质[16].

除了上述提到的本征半金属材料外,目前研究发现一些外在的方法也可以将半导体修饰调控成半金属材料[17-25].例如,基态的锯齿型石墨纳米带中,局域于两边界的电子态是反铁磁耦合的,但在横向电场的作用下,边缘态的能级发生相对移动,使得一个自旋通道表现为半导体性质,另一个自旋通道表现出金属性质,因而横向电场可将半导体石墨烯纳米带转变为半金属材料[17].然而这种方法所需施加的电场通常较大,而 Kan 等人[18]提出的另一种方式,分别利用不同类型的官能团对石墨烯两边缘进行钝化,同样可以将锯齿型石墨烯纳米带转变为半金属材料.此外,载流子掺杂也是一种常用的方法来实现半金属和调控低维纳米材料的磁性质[19-21],比如二维 MnPSe$_3$ 纳米片[19]和一维 V-naphthalene 三明治分子线可以通过载流子掺杂转变为半金属材料[20].此外,半金属也可以由过渡金属的吸附或掺杂得到,该方法已应用于硅纳米线[22]和三分支的石墨烯纳米带结中[23].

最近,实验研究者利用钴(II)和 1,2,4,5-四巯基苯反应合成了一种独特的一维 Co-dithiolene 分子线,相关实验表征发现该分子线具有高稳定性和优异的光催化活性,可以应用于光解水的析氢反应[26]作为非贵金属催化剂.因此,这种一维分子线非常有潜力取代在氢生产[26]中所用的昂贵的 Pt 基催化剂.在本书中,我们研究了一维有限双分子导线的电子性质和磁性质.我们从计算结果发现基态的双分子导线表现出反铁磁(AFM)性,并且是中等间接带隙半导体.然而,可以通过电子掺杂将其调控成一个铁磁(FM)性半金属材料,该转变机理可以通过 Stoner 模型[27]很好地解释.因此,半金属性一维 Co-dithiolene 分子线非常有希望应用于自旋电子学领域.

5.2.2　方法

这里所涉及的计算均采用基于自旋极化的密度泛函理论(DFT),具体使用的软件是 Quantum ESPRESSO[28].电子间的交换关联泛函采用基于广义梯度近似的 Perdew-Burke-Ernzerh[29]泛函(PBE),而电子和离子之间的相互作用采用投影缀加波(PAW)[30]赝势描述.波函数采用平面波展开,截断能设为 50 Ry.为了消除分子线和周期镜像之间的相互作用,两个分子线之间的距离至少设为 15 Å.为考虑分子线中 Co 原子的不同的磁序,实际计算时采用 2×1×1 超元胞(图 5.2-1).初始结构采用共轭梯度法充分优化,收敛标准设为作用在每个原子所受的力小于 0.001 Ry/Bohr.布里渊区积分采用 25×1×1 monkhorst-pack[31] k 点网格.众所周知,DFT 方法通常低估了过渡金属原子 3d 电子间的关联效应,所以我们还利用 DFT+U 方法测试了 3d 电子的库仑相互作用对分子线的磁性和电子性质的影响,Co 原子的 U 值是采用被广泛使用的值,即 3.3 eV[32].我们从计算结果发现 Co 的 3d 电子之间的库仑相互作用对于分子线电磁性质的影响可以忽略不计.例如,FM 和 AFM 状态间的能量差的变化仅仅在几个毫电子伏.类似的现象也曾在其他过渡金属原子和有机配体[33]构成的低维材料中发现,所以我们在本书中只报道 DFT 得到的计算结果.

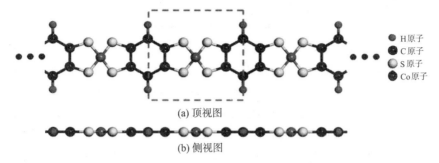

(a) 顶视图

(b) 侧视图

H原子
C原子
S原子
Co原子

图 5.2-1 一维 Co-dithiolene 分子线的顶视图和侧视图. 虚线矩形代表分子线的元胞

5.2.3 结构参数和电子性质

一维 Co-dithiolene 分子线是采用 Co(Ⅱ) 和 benzene-1,2,4,5-tetrathiol 反应而得到的,化学式可以表示为 $CoS_4C_6H_2$. 由于 $3d$ 周期过渡金属原子 Co 的存在,分子线基态的自旋发生极化. 在我们的计算中,我们考虑了近邻 Co 原子间磁矩平行和反平行排列两种可能性. 我们的计算结果发现分子线的基态是 AFM 态,其能量比 FM 态的能量低 0.033 eV/cell. 当 Co 原子的自旋反铁磁性排列时,Co 原子之间的间距为 8.43 Å,而 Co-S 的键长是 2.14 Å. 相应的能带结构和局域于 Co 原子的态密度 (DOS) 如图 5.2-2 所示. 显而易见,分子线基态是间接带隙半导体. 价带顶和导带底分别位于布里渊区的 G 和 X 点,PBE 泛函得到的带隙约为 0.38 eV. 然而 PBE 泛函通常低估了半导体的带隙,虽然杂化泛函和准粒子近似可以解决这个问题,然而对于 PAW 类型的赝势,目前 QE 软件并不支持这些方法. 最重要的是,本文的主要目的不是获得带隙的精确值.

从自旋密度分布图可以清楚地看出,磁矩主要分布在 Co 原子周围,而配体贡献的磁矩较小,如图 5.2-2(d) 和图 5.2-2(e) 所示. 对于每个 Co 原子,大约 1 μ_B 的磁矩位于 Co 原子周围,并且近邻 Co 原子间磁矩反平行,即分子线的基态为反铁磁态. 从投影到 Co 原子 $3d$ 轨道的密度图中可以发现[图 5.2-2(b) 和图 5.2-2(c)],原本 5 重简并的 d 轨道由于对称性的降低发生了劈裂. 其中自旋向上的 5 个 $3d$ 轨道均被电子占据,而自旋向下的 $3d$ 轨道里有一个轨道是空的,这样每个 Co 原子表现出大约 1 μ_B 的净磁矩. 反铁磁的出现主要源于以配体为媒介的超交换机制[34].

然而,如果近邻 Co 原子间的磁矩平行排列,分子线的能带结构表现出有趣的现象,即自旋向上和向下的通道分别表现出金属性质和半导体性质,即所谓的半金属铁磁体. 铁磁态分子线的能带以及相应的不可约表示如图 5.2-3(b) 所示,图 5.2-3(c) 为相应的局域于 Co 原子的态密度. 图 5.2-3(a) 标记了不可约表示的能带的电荷密度,也将其绘制于图 5.2-4 中. Co 原子的 d_{yz} 轨道与配体发生较强的杂化相互作用,导致自旋向上和向下的 d_{yz} 在很大的能量范围内发生分裂,其中自旋向上的 d_{yz} 轨道与 S 原子的 p 轨道形成成键的 π 轨道(对应的不可约表示为 B_{3g}). 从图 5.2-4(a) 中可以发现,晶体轨道 B_{3g} 显示出离域特征.而对于自旋向下的 B_{3g} 轨道,Co 原子的 d_{yz} 轨道与 S 原子的 p_z 轨道形成反键轨道,相应的能量高于费米能级.而 Co 原子的 $d_{xy}(d_{xz})$ 轨道则与 S 原子的面内 p 轨道(面外 p_z 轨道)形成 $\sigma(\pi)$ 键.另外,非常平坦的 B_{3u} 轨道则由近似非键 $d_{x^2-y^2}$ 轨道构成,而完全非键的 d_{z^2} 轨道导致能带出现了完全平坦的 A_g 能带.类似的 AFM 态,自旋向上的 $5d$ 轨道都被占据,但在自旋向下的能带里,d_{yz} 轨道和 d_{xz} 轨道的一小部分是未被占据的,这导致每个 Co 原子具有大约为 1 μ_B 的净磁矩,并且近邻 Co 原子间磁矩是铁磁性(FM)相互耦合.虽然处于 FM 态的分子线表现出奇异的半金属特性,然而 FM 态是亚稳的,它的能量略高于 AFM 态.

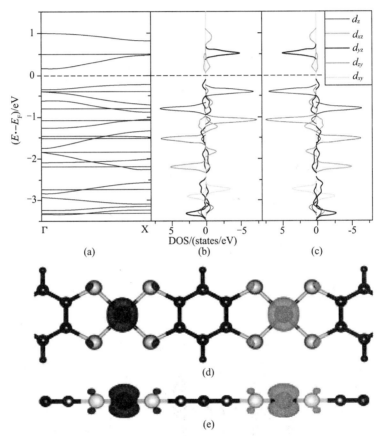

图 5.2-2 (a)处于反铁磁态的分子导线的自旋极化的能带结构;(b) 铁磁态分子线的能带以及相应的不可约表示;(c)相应的局域于 Co 原子的态密度;(d) 自旋密度分布的顶视图;(e) 自旋密度分布的侧视图.深灰和浅灰的区域代表自旋向上和自旋向下,自旋密度等值面设置为 0.003 e/Å³

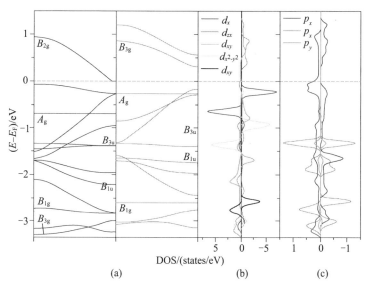

(a)　　　　　　　　(b)　　　　　　　　(c)

图 5.2-3　（a）处于铁磁态的分子线的能带结构；（b）Co 原子的局域态密度；（c）S 原子的局域态密度

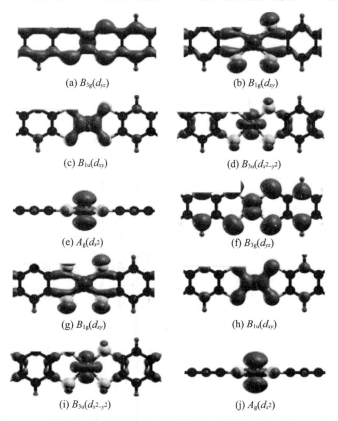

(a) $B_{3g}(d_{yz})$　　　　　　　　(b) $B_{1g}(d_{xy})$

(c) $B_{1u}(d_{xy})$　　　　　　　　(d) $B_{3u}(d_{x^2-y^2})$

(e) $A_g(d_{x^2})$　　　　　　　　(f) $B_{3g}(d_{yz})$

(g) $B_{1g}(d_{xy})$　　　　　　　　(h) $B_{1u}(d_{xy})$

(i) $B_{3u}(d_{x^2-y^2})$　　　　　　　　(j) $A_g(d_{x^2})$

图 5.2-4　主要由 Co 原子的 $3d$ 轨道参与的晶体轨道电荷密度分布，
其中能带不可约表示的符号见图 5.2-3（a）

5.2.4　电荷掺杂诱导的铁磁半金属

为了获得稳定的半金属基态,我们可对分子线进行电子或空穴掺杂.在以往对过渡金属与配体形成的三明治分子线的研究中发现,$[V_2Np]_\infty$分子导线由于费米水平[20]小的载流子浓度较小,基态为反铁磁态.然而通过电荷注入提高载流子浓度,使FM态成为能量最稳定的基态[20].因此,我们进一步研究是否可以同样通过电子或空穴掺杂,让FM态成为分子线的基态.图5.2-5绘制了FM和AFM态之间能量差与载流子浓度的关系(即单位元胞内电子/空穴掺杂的数量),从计算结果可以发现,空穴掺杂和电子掺杂都可以缩小FM和AFM态之间的能量差别.然而当空穴掺杂浓度范围从0变化到+0.5 e时,FM态能量总是比AFM态略高;当电子注入分子线的浓度大于0.15 e/cell时,FM态比AFM态能量顺序发生变化,FM态的能量比AFM态能量略低.当电子掺杂浓度达到0.5 e/cell时,FM态的分子线能量比AFM态低大约40 meV/cell,该能量差足够使室温下FM态克服热涨落的扰动.电子掺杂使得基态磁序从AFM转变为FM可以从Stoner模型来理解.根据Stoner模型,如果Stoner参数U(库仑相互作用相关)和费米能级态密度$g(E_F)$大于或等于1,即$Ug(E_F) \geqslant 1$时电子自旋将会自发分裂[27].要达到这样的标准,就需要较大库仑相互作用或者费米能级具有较大的态密度.通过计算无磁性的分子线的DOS[图5.2-5(b)],我们发现,当电子掺杂时,费米能级向高能级方向移动时,DOS将增加.因此,当足够的电子被注入分子线中时,铁磁态的磁性转变就可以发生.进行空穴掺杂时,费米面处的DOS值逐渐减小,这与Stoner模型所要求的判据恰恰相反,这就是为什么我们不能利用空穴掺杂实现磁性转变的原因.根据Stoner判据,我们可以得到参数U大约为0.17 eV.而利用参考文献[35]中提供的方法,我们可以从DFT计算直接得到U值,即0.18 eV,两者符合得相当好.

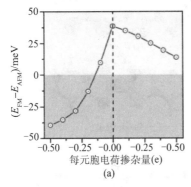 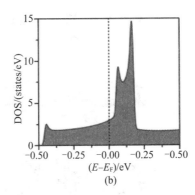

(a)　　　　　　　　　　　(b)

图5.2-5　(a)FM和AFM状态之间$(E_{FM}-E_{AFM})$的能量差与载流子浓度的关系[浓度的正(负)值表示空穴掺杂(电子掺杂)];(b)非磁性分子线的态密度

因为AFM-FM的磁序翻转只能通过电子注入实现,接下来我们着重关注电子掺杂时一维分子线的能带.图 5.2-6 展示了不同电子掺杂浓度下分子线的能带,当我们把电子注入系统中时,费米能级逐渐上升,越来越多的电子占据自旋向上的能带(图 5.2-3 标记为 B_{2g} 的能带),自旋向上的能带仍然表现出部分占据的金属性,而在自旋下降通道的带隙几乎不受影响.直到电子浓度等于或大于每单元 0.5 e,一小部分自旋向下的导带被电子占据,从而使分子导线实现从半金属到金属的转变.结合 AFM-FM 磁性相变的条件,体系基态为半金属铁磁体时,电子掺杂的合适范围应该为 0.15~0.5e/cell. 在该掺杂范围内,AFM 和 FM 状态之间的能量差仍然不是很大,为了提高这种能量差,人们可以选择小尺寸的配体,以缩小相邻的 Co 原子之间的距离,这样过渡金属原子之间的较强的直接交换相互作用将使 FM 状态更有利.

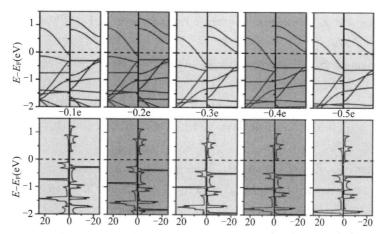

图 5.2-6 分子线处于铁磁态时,能带结构(上图)和 DOS(下图)与掺杂浓度的关系.左边和右边的线条分别表示自旋向上和向下

5.2.5　结论

我们采用了密度泛函理论系统研究了一维 Co-dithiolene 分子线的电子和磁学性质.计算发现分子线基态为反铁磁半导体,每一个 Co 原子净磁矩约为 1 μB,最近邻 Co 原子间磁矩反平行排列.然而当 Co 原子周围的磁矩平行排列时,该分子线将转变成特殊的半金属铁磁体.处于铁磁态的能量要比反铁磁态的能量高大约 33 meV. 为了实现基态从 AFM 到 FM 的磁性转变,我们研究了电子和空穴对体系电磁性质的影响.结果表明,通过电子掺杂和空穴掺杂都可以缩小 AFM 和 FM 态间的能量差.但是只有当足够的电子被掺杂到分子线中时,才能发生 AFM-FM 的磁性转变,而空穴掺杂则无法实现反铁磁-铁磁相变.该现象可以利用 Stoner 模型理解,也就是说,如果 Stoner 参数 U(库仑相互作用相关)和 DOS 费米能级处态密度 $g(E_F)$ 的乘积大于或等于 1,即 $Ug(E_F) \geqslant 1$ 时,体系的电子自旋会自发地发生极化.通过对无磁性的分子线态密度计算发现,当费米能级向上移动时 DOS 值将增加,即对分子

线进行电子掺杂.然而,当进行空穴掺杂时,DOS值逐渐减小,因而空穴掺杂不能实现反铁磁相变.电子掺杂通常可利用基于Co-dithiolene分子线的场效应晶体管实现.掺杂浓度可以通过调节栅极材料介电常数和栅极电压来控制,或者用电子供体基团来取代氢原子,如NH₂和OH.具有半金属性的一维Co-dithiolene分子线除了可以应用于析氢反应作为催化剂外,还可以用于自旋电子器件的制造,其应用范围拓展了.

参考文献

[1] Anderson P W, Antiferromagnetism. Theory of superexchange interaction [J]. Phys Rev, 1950, 79: 350 – 356.

[2] Blöchl P E. Projector augmented-wave method[J]. Phys Rev B, 1994, 50: 17953 – 17979.

[3] Blundell S. Magnetism in Condensed Matter [M]. Oxford: Oxford University Press, 2001.

[4] Chen Q, Wang J, Zhu L, et al. Fluorination induced half metallicity in two-dimensional few zinc oxide layers[J]. J Chem Phys, 2010, 132: 204703 – 204703.

[5] Chen Q, Zhu L, Wang J. Edge-passivation induced half-metallicity of zigzag zinc oxide nanoribbons[J]. Appl Phys Lett, 2009, 95: 133116 – 133116.

[6] De Groot R A, Mueller F M, Van Engen P G, et al. New class of materials: half-metallic ferromagnets[J]. Phys Rev Lett, 1983, 50: 2024 – 2027.

[7] Downes C A, Marinescu S C. Efficient electrochemical and photoelectrochemical H₂ production from water by a cobalt dithiolene one-dimensional metal-organic surface[J]. J Am Chem Soc, 2015, 137: 13740 – 13743.

[8] Du A, Sanvito S , Smith S C. First-principles prediction of metal-free magnetism and intrinsic half-metallicity in graphitic carbon nitride[J]. Phys Rev Lett, 2012, 108: 197207 – 197207.

[9] Durgun E, Çakır D, Akman N, et al. Half-Metallic silicon nanowires: first-principles calculations[J]. Phys Rev Lett, 2007, 99: 256806 – 256806.

[10] Galanakis I, Ph M, Dederichs P H. Electronic structure and Slater-Pauling behaviour in half-metallic Heusler alloys calculated from first principles[J]. J Phys D: Appl Phys, 2006, 39: 765 – 775.

[11] Guan T, Lin C, Yang C, et al. Evidence for half-metallicity in n-type HgCr₂Se₄[J]. Phys Rev Lett, 2015, 115: 087002 – 087002.

[12] Hu H, Wang Z, Liu F. Half metal in two-dimensional hexagonal organometallic framework[J]. Nanoscale Res Lett, 2014, 9: 1 – 5.

[13] Johnson M. The bipolar spin transistor[J]. Nanotechnology, 1996, 7 (4): 390 – 396.

[14] Kan E J, Li Z, Yang J, et al. Half-metallicity in edge-modified zigzag graphene nanoribbons[J]. J Am Chem Soc, 2008, 130: 4224 – 4225.

[15] Kato H, Okuda T, Okimoto Y, et al. Structural and electronic properties of the ordered double perovskites A_2MReO_6 (A＝Sr, Ca; M＝Mg, Sc, Cr, Mn, Fe, Co, Ni, Zn)[J]. Phys Rev B, 2004, 69: 184412 – 184412.

[16] Li X, Wu X, Yang J. Half-metallicity in $MnPSe_3$ exfoliated nanosheet with carrier doping[J]. J Am Chem Soc, 2014, 136: 11065 – 11069.

[17] Li Y, Zhou Z, Chen Z. From vanadium naphthalene ($V_{n-1}Np_n$) sandwich clusters to VNp sandwich nanowire: structural, energetic, electronic, and magnetic properties[J]. J Phys Chem A, 2012, 116: 1648 – 1654.

[18] Ma L, Hu H, Zhu L, et al. Boron and nitrogen doping induced half-metallicity in zigzag triwing graphene nanoribbons[J]. J Phys Chem C, 2011, 115: 6195 – 6199.

[19] Maslyuk V V, Bagrets A, Meded V, et al. Organometallic benzene-vanadium wire: a one-dimensional half-metallic ferromagnet[J]. Phys Rev Lett, 2006, 97: 097201 – 097201.

[20] Monkhorst H J, Pack J D. Special points for brillouin-zone integrations [J]. Phys Rev B, 1976, 13: 5188 – 5192.

[21] Niranjan M K, Burton J D, Velev J P, et al. Magnetoelectric effect at the $SrRuO_3/BaTiO_3$ (001) interface: An ab initio study[J]. Appl Phys Lett, 2009, 95: 052501 – 052501.

[22] Giannozzi P, Baroni S, Bonini N, et al. QUANTUM ESPRESSO: a modular and open-source software project for quantum simulations of materials[J]. J Phys: Conden Matter, 2009, 21(39): 395502.

[23] Park J H, Vescovo E, Kim H J, et al. Direct evidence for a half-metallic ferromagnet[J]. Nature, 1998, 392: 794 – 796.

[24] Perdew J P, Burke K, Ernzerhof M. Generalized gradient approximation made simple[J]. Phys Rev Lett, 1996, 77: 3865 – 3868.

[25] Son Y-W, Cohen M L, Louie S G. Half-metallic graphene nanoribbons [J]. Nature, 2006, 444: 347 – 349.

[26] Soulen R J, Byers J M, Osofsky M S, et al. Measuring the spin polarization of a metal with a superconducting point contact[J]. Science, 1998, 282: 85 – 88.

[27] Sugahara S, Tanaka M. A spin metal-oxide-semiconductor field-effect

transistor using half-metallic-ferromagnet contacts for the source and drain[J]. Appl Phys Lett, 2004, 84: 2307 – 2309.

[28] Wang L, Cai Z, Wang J, et al. Novel one-dimensional organometallic half metals: vanadium-cyclopentadienyl, vanadium-cyclopentadienyl-benzene, and vanadium-anthracene wires[J]. Nano Lett, 2008, 8: 3640 – 3644.

[29] Wang L, Gao X, Yan X, et al. Half-metallic sandwich molecular wires with negative differential resistance and sign-reversible high spin-filter efficiency [J]. J Phys Chem C, 2010, 114: 21893 – 21899.

[30] Wu M, Zhang Z, Zeng X C. Charge-injection induced magnetism and half metallicity in single-layer hexagonal group III/V (BN, BP, AlN, AlP) systems [J]. Appl Phys Lett, 2010, 97: 093109 – 093109.

[31] Xiang H, Yang J, Hou J G, et al. One-dimensional transition metal-benzene sandwich polymers: possible ideal conductors for spin transport[J]. J Am Chem Soc, 2006, 128: 2310 – 2314.

[32] Zhang C, Bristowe P D. First principles calculations of oxygen vacancy formation in barium-strontium-cobalt-ferrite[J]. RSC Adv, 2013, 3: 12267 – 12274.

[33] Zhang Z, Wu X, Guo W, et al. Carrier-tunable magnetic ordering in vanadium naphthalene sandwich nanowires[J]. J Am Chem Soc, 2010, 132: 10215 – 10217.

[34] Zhou L, Yang S W, Ng M-F, et al. One-dimensional iron cyclopentadienyl sandwich molecular wire with half metallic, negative differential resistance and high-spin filter efficiency properties[J]. J Am Chem Soc, 2008, 130: 4023 – 4027.

[35] Zhu L, Wang J. Ab Initio study of structural, electronic, and magnetic properties of transition metal-borazine molecular wires[J]. J Phys Chem C, 2009, 113: 8767 – 8771.

第 6 章 晶格动力学与声子输运性质研究

本章主要介绍密度泛函理论在低维材料晶格动力学和声子输运性质研究方面的应用实例,晶体材料的振动性质和声子输运性质主要依赖于材料的两阶和高阶力常数,力常数通常可以通过实空间有限位移方法或者密度泛函微扰理论直接得到.对于蜂窝结构硼烯的研究中,我们通过有限位移方法计算力常数,进而计算出基底的支撑在稳定蜂窝结构硼烯中的关键性作用.利用密度泛函理论得到的力常数结合声子玻尔兹曼输运方程,系统研究了双轴拉伸应变对于二维单层 MoS_2 热导率的影响,计算结果揭示拉伸应变的作用显著地削弱了单层 MoS_2 的热导率.

6.1 蜂窝结构硼烯的动力学稳定性

6.1.1 硼烯研究概述

元素周期表中硼元素是碳元素左侧的近邻元素,硼具有多种类似于碳的低维同素异形体[1],比如零维笼状富勒烯(如 B40[2] 和 B80[3])、一维硼纳米管[4]、二维硼纳米片(硼烯)[5] 等,其中二维纳米薄片通常被认为是构筑其他同素异形体的母体材料[6],因而备受实验和理论研究者的重视[6,7].对于二维硼烯的研究源自对于硼团簇研究的启发[8],B 原子的基态电子构型为 $[He]2s^2 2p^1$,这意味着价电子数小于可用轨道(3 个电子、4 个轨道).因此,若硼形成六方蜂窝状,类似石墨烯的结构(HB)在动力学上是不稳定的,因为每个硼原子的价电子比碳原子少一个,因而蜂窝结构硼烯中缺少占据 π 轨道的电子[4].对小尺寸硼团簇的研究发现,这些硼团簇都出现了三角形图案[8,9].受此启发,理论研究者发现褶皱的三角形硼纳米片也是一种动力学稳定的硼烯同素异形体[4,10].进一步的研究揭示,通过除去一部分硼原子,使得三角晶格中形成六边形孔,这样可以显著增强硼烯的结合能[11,12].例如,Tang 和 Ismail-Beigi 的研究发现,三角形结构的硼烯中移除 1/9 和 1/7 的硼原子得到的二维硼纳米片能量更低(这两种硼烯分别被称为 α-硼烯和 β-硼烯)[11].2012 年,Wu 等人[12] 使用粒子群优化全局搜索算法对 2D 硼片的多晶型进行了广泛的搜索,而 Penev 等人[13] 和 Zhou 等人[14] 还分别通过基团展开法和进化算法广泛地研究了二维硼的同素异形体纳米片.

除了理论方面取得的研究进展外,最近还有两个独立的实验在 Ag(111)上合成了 2D 硼片.比如 Mannix 等人使用固体硼源成功地获得了二维硼苯[15],实验发现在不同的沉积速率下得到了两种不同构型的硼烯,即低沉积速率下形成条纹相,而高沉积速率下则形成均匀相[15]. 几乎同时, Feng 等人[16]报道了通过分子外延在 Ag(111) 上实现了二维硼烯的制备, 他们同样观察到在低温和高温下 Ag 基底上形成了两种不同构型的硼烯, 分别对应 β_{12}-硼稀和 γ_3-硼烯的结构[16], β_{12} 相和 γ_3 相中孔隙率分别为 1/6 和 1/5, 这两种构型中孔隙率明显偏离自由硼烯中的最佳孔隙率 (1/9)[11].

当二维硼烯支撑于基底上时, 其最低能量构型对应的孔隙率实际上与从基底对硼烯的电荷掺杂多少有关[7]. Zhang 等人[17]开展的理论研究揭示了电荷掺杂浓度对于独立硼烯的最佳孔隙率的影响. 基于这些结果, 我们可以自然地猜想如果将足够的电荷掺杂到硼烯中, 那么孔隙率将达到极大值的 1/3, 对应的结构即六角蜂窝结构. 实际上六角蜂窝结构的二维硼存在于一些金属硼化物中. 例如, 在 MgB_2 和 ReB_2 中硼分别形成扁平和褶皱的二维层状蜂窝结构 (HB)[7,18], 金属和蜂窝状的硼层交替堆叠, MgB_2 在常规超导体中还以其非常高的临界温度而闻名. 最近, Li 和他的同事通过实验合成了 HB[19], 其中 HB 是通过在 Al(111) 上进行分子束外延生长而获得的. 尽管已经证明独立的二维 HB 是不稳定的同素异形体, 但是在基底上能够实现 HB 确实出乎意料, 该蜂窝结构的硼烯的实现对于理解硼的化学性质以及二维硼中狄拉克费米子研究起到促进作用. 这也导致了一个重要的问题, 即 HB 如何稳定在 Al(111) 表面上. 目前对于 HB 在 Al 基底上的动力学稳定机理还尚未厘清. 我们拟利用第一性原理计算来阐明在 Al(111) 上形成的蜂窝结构硼烯的动力学稳定性机理.

6.1.2　密度泛函理论计算方法

本节中所涉及的第一性原理计算均使用 Vienna Ab initioSimulation Package (VASP) 完成[20]. 电子之间的交换-相关相互作用由 optB86b-vdW 泛函描述[21], 该泛函能够较好地考虑 HB 和 Al 之间 (111) 的色散相互作用, 而电子与离子之间的相互作用则使用投影缀加波型赝势来描述[22]. 体系波函数采用平面波基组展开, 平面波基组的截止能量设置为 400 eV, 能量的收敛准则总能量设置为 1.0×10^{-6} eV. 布里渊区积分时第一布里渊区离散化为 $25 \times 25 \times 1$ 的 k 点网格. 所有结构均进行了充分的弛豫, 直到作用在每个原子上的力小于 1.0×10^{-2} eV/Å. 对于 Al(111) 衬底, 我们首先优化了它的体相结构, 然后从优化的块体中沿着 (111) 平面切出五层厚度的 Al 基底. 在优化支撑于 Al 基底上的硼烯结构时, 我们固定了铝基底的底部两层. 此外, 所有计算中我们均进行了偶极校正以消除周期性边界条件引入的电场. 为了模拟电荷掺杂的独立 HB, 我们通过人为地改变价电子数并添加了均匀的背景补偿电荷以实现整个样品的电中性[17]. 本书所涉及的声子谱计算均采用 Phonopy[23]完成, 其中力常数的计算采用了有限位移法, 对于负载在 Al 基底上的 HB 的声子谱计算中, 我们固定了所有的基底 Al 原子, 仅仅考虑了硼原子.

6.1.3　吸附构型

经过充分的结构优化后, Al 的晶格常数为 4.04 Å, 这与实验值 4.05 Å[24]吻合得非常好.相应地,Al(111)表面的晶格常数为 2.85 Å,而单层蜂窝状硼烯最优晶格常数为 2.92 Å,因此,相对于 Al(111)面的晶格常数失配度约为 2.5%.基于先前在小晶格失配表面上外延石墨烯的经验,考虑到 Al 的相对较大的热膨胀系数[25],如此小的晶格失配导致 Al(111)与 HB 形成的(1×1)晶格匹配的构型.实验中也确实观察到(1×1)晶格匹配的 HB[19],实验测量得到的外延 HB 晶格常数约为 2.9 Å.因此,在以下研究中,我们仅关注 Al(111)面上(1×1)晶格匹配的 HB.由于 HB 具有六重对称性,因此,HB 在 Al(111)上存在着一些高对称吸附构型,如 FCC-HCP、TOP-FCC、TOP-HCP 和 Bridge-Bridge,其中 HCP 和 FCC 代表 Al(111)表面三角形晶格两种不同的空穴位置,参见图 6.1-1(a).

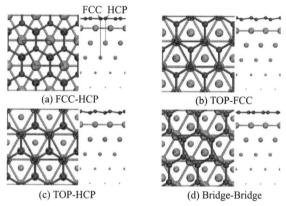

图 6.1-1   Al(111)上 HB 高对称吸附构型的俯视图和侧视图

吸附能与 B 和 Al(111)的最顶层之间的间距关系(d)显示于图 6.1-2 中,但是 Bridge-Bridge 不是一个稳定的局部极小构型(图 6.1-3),结构优化后该构型会自动转变为 TOP-FCC 构型.充分结构优化之后,TOP-FCC 和 TOP-HCP 构型的最优垂直距离分别为 1.95 Å 和 1.88 Å,对应的吸附能分别为 0.71 eV/atom 和 0.67 eV/atom,而 FCC-HCP 构型中 HB 和 Al(111)金属表面的距离则小得多(1.54 Å),导致它们之间的结合能最大,每硼原子达到了 1.02 eV.我们的结果很好地与 Zhang 等人[26]获得的结果一致,但比 Li 等人[19]报道的值大得多,这很可能是由于他们的计算中缺乏范德华校正.

这些高对称构型之间的另一个显著差异是 HB 的褶皱程度,TOP-FCC 和 TOP-HCP 两种构型中硼表面褶皱程度明显比 FCC-HCP 构型要大.比如,对于 TOP-FCC 和 TOP-HCP 构型,HB 中硼的两个子层之间的垂直高度差分别为 0.27 Å 和 0.23 Å,而在 FCC-HCP 构型中,该值大约为 0.05 Å.

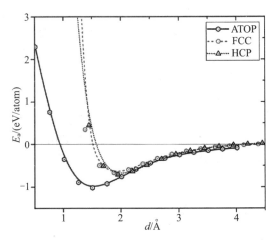

图 6.1-2 在三种高对称构型中,吸附能随 HB 到 Al(111)之间平均垂直距离的变化而变化.对于图中的每一个给定的垂直距离,我们固定了硼烯的 z 坐标和 Al(111)基底最下层原子,HB 的面内坐标和基底其他原子允许充分弛豫

除了这三种高对称构型外,我们还研究了 HB 在 Al(111)上的低对称吸附构型的结合能,该结合能与 HB 相对于基底位置的关系绘制于图 6.1-3 中.这里相对位置以 HB 在 Al(111)上的 FCC-HCP 构型作为参考点,即图 6.1-3 中的原点对应于 HB 的 FCC-HCP 吸附构型,然后我们在平面内沿两个方向移动 HB,相应的位移矢量表示为 (x, y).对于每一个平移后的构型,我们固定硼烯的面内坐标,而只优化 z 方向的坐标来获得吸附能.如图 6.1-3 所示,FCC-HCP 构型的吸附能确实是全局最小值;而 TOP-FCC 和 TOP-HCP 构型分别对应于二维吸附能图中的鞍点和不稳定平衡点.而 Bridge-Bridge 构型是不稳定的点,因此该构型在结构优化时会自动转变为 TOP-FCC 构型的优化,我们可以直观地从图 6.1-3 中理解这一点.

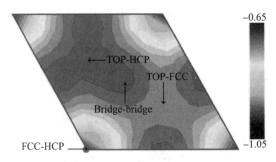

图 6.1-3 HB 在 Al(111)基底上的吸附能(以 eV/atom 计)随 HB 相对于 Al(111)表面位置的关系.以 HB 在 Al(111)上的 FCC-HCP 构型作为参考原点

如果我们将金属表面硼烯的吸附与石墨烯在金属表面的吸附进行比较,可以发现一些有趣的现象.目前的实验和理论研究均发现石墨烯在 Ru、Rh、Ni 和 Co 等基底上有着较高的吸附能[27],比如石墨烯在 Co(0001)上的吸附能约为 0.26 eV/

atom[28],在 Ru(0001)、Rh(111)[29] 和 Ni(111)[30] 表面上的吸附能约为 0.13 eV/atom,但在其他金属表面[例如 Cu(111) 和 Ir(111)[31,32]],石墨烯的结合能通常小于 0.1 eV/atom.因此,HB 和 Al(111)之间的吸附能比石墨烯和金属表面之间的吸附能大 4~30 倍.除了吸附能的巨大差异外,Al(111)上的 HB 吸附结构也与石墨烯完全不同.对于石墨烯,石墨烯与金属表面[如 Ni(111)[30]、Co(0001)[28] 和 Ru(0001)[33]]之间的最小垂直距离约为 2.1 Å,而 HB 与 Al(111)之间的垂直距离要比石墨烯小 30%.另外,金属基底上的石墨烯最低能量吸附构型通常为 TOP-FCC 构型[33,34],其中位于金属原子顶部位置的碳原子到表面的距离通常比中空位置的碳原子与基底的距离更小.但是,对于 HB 的吸附,情况则恰恰相反,在 TOP-FCC 或 TOP-HCP 构型中,位于中空的硼原子到金属表面的距离小于顶位的硼原子到表面的距离.HB 在 Al(111)上的巨大的吸附相互作用和较小的垂直距离均表明 HB 具有比石墨烯更高的活性.

6.1.4 HB 和 Al(111)之间的电子相互作用

接下来,我们对 HB 与 Al(111)之间的电荷转移进行了 Bader 分析[35],对于 FCC-HCP 构型,我们发现每个 B 原子从最上层 Al(111)原子层中获得了大约 1 个电子(e).而 TOP-FCC 和 TOP-HCP 中,基底转移给 HB 的电荷分别为 0.74 e/atom 和 0.63 e/atom,参见表 6.1-1.

表 6.1-1　Al(111)上的 HB 高对称构型的几何和能量参数

组态	D /Å	h /Å	ρ/e	E_a/(eV/atom)
FCC-HCP	1.54	0.050	1.05	−1.02
TOP-FCC	1.95	0.27	0.74	−0.71
TOP-HCP	2.00	0.23	0.63	−0.66

表 6.1-1 中,D 为 HB 与 Al(111)之间的平均垂直距离,h 为 HB 中两个子层之间的垂直高度,ρ 为从 Al(111)转移到 HB 的电荷,E_a 为吸附能.

图 6.1-4 枚举了 FCC-HCP、TOP-FCC 和 TOP-HCP 三种构型的电荷密度差,电荷密度差图为吸附构型的电荷密度与独立的 HB 和独立的 Al(111)基底电荷密度之间的差.如图 6.1-4 所示的三个高对称吸附构型中,我们可以清楚地观察到 Al(111)的最上层中出现了明显的电荷密度减少,而界面区域中出现了明显的电荷密度增加,并且在界面区域中增加的电荷密度表现为离域 π 轨道.另外,FCC-HCP 型的界面区域中电荷的分布非常均匀,而 TOP-FCC 和 TOP-HCP 构型的界面区域中电荷密度的分布则有着一定的不均匀性,即电荷更多地集中在 TOP 吸附位置的 B 原子与基底的界面之间(图 6.1-4).这些现象意味着电荷密度在 FCC-HCP 吸附构型中分布比较离域,并且具有较大的电荷转移,因而解释了 HB 处于 FCC-HCP 吸附构型时,

其和基底之间的相互作用最大.此外,对于 FCC-HCP 构型,HB 中面内一定的 σ 键电子也反馈给基底,这种较强的电荷转移/反馈和化学键的相互作用是 HB 与 Al(111)之间结合非常强的原因.而对于石墨烯,这种电荷转移则相对较弱,如从 Ni(111)转移到石墨烯的电荷只有 0.14 e/碳原子[36].

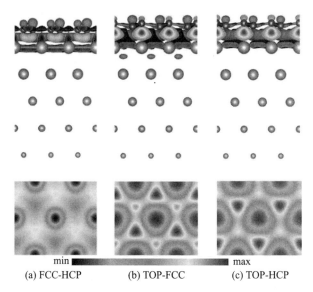

(a) FCC-HCP (b) TOP-FCC (c) TOP-HCP

图 6.1-4　Al(111)基底上 HB 不同吸附构型时的电荷密度差图

　　HB 与 Al(111)之间较强的相互作用也极大地改变了 HB 的电子结构.对于独立的 HB,其能带结构总体上类似于独立的石墨烯.在石墨烯中,四个价电子中的三个通过 sp^2 杂化与相邻原子形成面内 σ 键;而剩余的一个电子占据离域键 π 轨道.最重要的是,成键和反键 π 能带仅在布里渊区边界上两个孤立的 K 点处接触,即 K 和 K' 点(即狄拉克点).然而每个 B 原子比 C 原子少一个电子,因此,HB 中狄拉克点比费米能级高约 3.5 eV[图 6.1-5(a)和图 6.1-5(b)].这意味着电子只占据了一小部分成键 π 能带;并且一部分的 σ 能级也未被电子占据,一般认为这是独立 HB 结构不稳定的根源,即缺少 π 电子,因而可以吸纳多余电荷来稳定 HB.当 HB 吸附在 Al(111)基底上时,有足够多的电子从基底转移到 HB,从投影态密度(DOS)可以清楚地发现这一点.如图 6.1-5 所示,大部分转移的电子由基底转移到 HB 的面外 p_z 轨道,少数则占据了 HB 的面内 σ 轨道.

　　图 6.1-5 显示了投影到原子轨道的能带结构(包括独立的和支撑的 HB),从中我们可以清楚地发现,面内 σ 轨道几乎没有变化,仅与顶层 Al 原子电子态有微弱杂化[图 6.1-5(a)和图 6.1-5(d)].而 HB 中面外 π 轨道则发生了很大变化[图 6.1-5(b)和图 6.1-5(e)],主要源于 B 原子的 p_z 轨道与 Al 原子的 p_z 轨道之间出现了较强的杂化作用,因而相对于独立的 HB,支撑的 HB 中 B 原子 p_z 态延展到更大的能量范围.HB 与 Al(111)之间的强相互作用甚至使得 HB 能带中的 Dirac 点难以识别.因此,

HB 的 p_z 轨道与 Al(111) 表面的电荷转移/反馈以及杂化相互作用直接导致 HB 与基底之间较强的吸附作用.

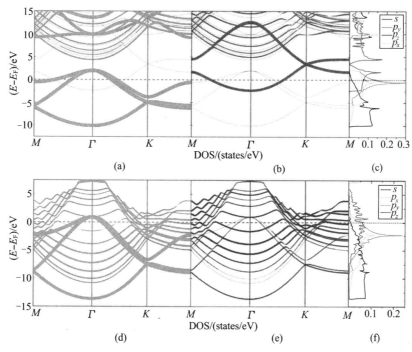

图 6.1-5 在 FCC-HCP 构型中,独立 HB[(a)、(b)]和 Al(111)上的 HB[(d)、(e)]的轨道投影能带结构和 DOS[(c)、(d)].左侧和中间子图中的[(a)、(d)]和[(b)、(e)]分别代表 σ 和 p_z 轨道

6.1.5 HB 在 Al(111) 上的动力学稳定性

图 6.1-6(a)显示了独立的 HB 的声子色散关系,正如我们预期的那样,独立的 HB 是动力学不稳定的,声子谱中两个声子支出现了虚频.特别是面外声学模式 (ZA) 在整个布里渊区都具有虚频.因此,整个纳米片容易出现面外形变,因而动力学不稳定.而当 HB 支撑在 Al(111)上时,所有声子支均为正的频率,证明支撑的 HB 是动力学稳定的[图 6.1-6(b)].

这里需要注意的是,我们在计算支撑的 HB 的声子谱时将所有基底原子固定,因而所求得的力常数并不满足声学求和规则.因此,频率最低的三个声学支的频率在布里渊区 Γ 点不会趋近于零.这种方法已被广泛地用于近似计算被吸附物的频率.为了进一步了解 HB 稳定性的增强是否源于从 Al(111) 到 HB 的电荷掺杂,我们计算了未掺杂独立 HB 的声子谱以及掺杂了 1 e/atom 的独立 HB 的声子谱.从计算结果发现,如果仅凭电荷掺杂是无法使得独立 HB 动力学稳定的[图 6.1-6(c)].声子单独的电荷掺杂甚至使软声子模式具有更大的虚频.为了进一步确认电荷掺杂的 HB 的不稳定性,我们使用了 5×5 的超元胞的 HB,结果优化后变成了无序的结构.因此,单靠电荷掺杂是无法使得独立的 HB 动力学稳定;实验合成的 HB 之所以能够稳定存在,应主要归因于 Al(111)表面诱导的强界面相互作用.

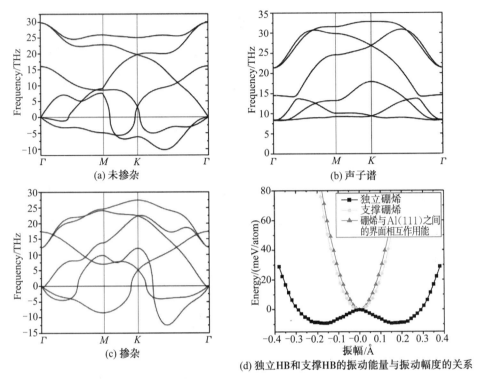

(a) 未掺杂 (b) 声子谱

(c) 掺杂

(d) 独立HB和支撑HB的振动能量与振动幅度的关系

图 6.1-6 (a) 未掺杂的独立 HB;(b) 支撑于 Al(111)基底上的 HB 的声子谱;(c) 掺杂的独立 HB;(d) 独立 HB(—■—)和支撑 HB(—□—)的振动能量与振动幅度的关系,其中—▲—对应着 HB 与 Al(111)之间相互作用对于振动能量的贡献

为了直观地说明这一点,我们以 M 点处的 ZA 模式为例,并绘制该模式振动能量与声子振幅的函数关系图像.对于独立的 HB,振动能量与振幅的关系看起来像是一条双势阱曲线,扁平蜂窝状纳米片恰好处于不稳定平衡位置.但是当 HB 负载在 Al(111)上时,振动能量曲线类似于抛物线形状,这时平坦的 HB 变为稳定的平衡构型.支撑的 HB 和独立的 HB 之间的振动能量差异完全源于 HB 与 Al(111)之间较强的吸附相互作用[图 6.1-6(d)],毫无疑问,HB 和基底之间较强的吸附相互作用能够极大地稳定 HB.根据 Frenkel-Kontorova 模型[37],支撑的 HB 的总哈密顿量可以粗略地写成

$$H = H_0 + \sum_i \frac{1}{2} k_z \Delta z_i{}^2 + \sum_i \frac{1}{2} k_x \Delta x_i{}^2 + \sum_i \frac{1}{2} k_y \Delta y_i{}^2 \qquad (6.1\text{-}1)$$

其中,H_0 是独立的 HB 的哈密顿量;右侧的第二、第三和第四项是由衬底相互作用贡献的;Δx_i、Δy_i 和 Δz_i 对应于原子 i 从其平衡位置偏离的笛卡尔分量,而 k_x、k_y 和 k_z 是由于界面相互作用而产生的力常数,计算得到估计值分别为 2.24 eV/Å²、

2.24 eV/Å² 和 3.7 eV/Å². 这些值比独立的 HB 中相邻硼原子之间的力常数(1.10 eV /Å²)要大得多,因此,界面相互作用才是稳定 HB 的关键因素,而非掺杂电荷.

6.1.6 小结

简而言之,我们利用第一性原理计算系统研究了 HB 在 Al(111)上的结构、电子性质和动力学稳定性.我们的计算发现 HB 在 Al(111)面上的最低能量构型是 FCC-HCP 构型,这与石墨烯在金属表面上的吸附构型完全不同.对于过渡金属表面上支撑的石墨烯,大多数情况下更倾向于形成 TOP-FCC 构型.此外,HB 与 Al(111)表面之间的垂直间距大约为 1.54 Å,该值也远小于石墨烯与金属之间的垂直距离.最奇异的是,在 FCC-HCP 构型中 HB 与 Al 之间的吸附能非常高,达到了 1.05 eV/硼原子,巨大的吸附能表明 HB 与基底之间的相互作用不是弱的范德华相互作用.Bader 电荷密度分析表明,从顶层 Al(111)到 HB 之间存在着明显的电荷转移,Al 基底转移给硼烯中每个 B 原子约一个电子,电荷密度差图也反应出 HB 的面内 σ 轨道会反向反馈部分电荷给 Al 基底.进一步的能带结构计算表明,HB 的 p_z 轨道与基底顶层 Al 的轨道之间出现了很强的共价杂化相互作用.因此,大量的电荷转移与反馈以及界面区域中的共价相互作用导致了 HB 与 Al 基底之间如此强的吸附能.这种 Al(111)衬底诱导的强相互作用最终使得负载的 HB 能够稳定,进一步的声子谱计算直接证明了基底相互作用提高了蜂窝结构硼烯的动力学稳定性.

参考文献

[1] Oganov A R, Chen J, Gatti C,et al. Ionic high-pressure form of elemental boron[J]. Nature, 2009, 457(7231):863 – 867.

[2] Zhai H J, Zhao Y F, Li W L, et al. Observation of an all-boron fullerene [J]. Nat Chem, 2014, 6(8):727 – 731.

[3] Szwacki N G, Sadrzadeh A, Yakobson B I. B_{80} fullerene:an ab initio prediction of geometry, stability, and electronic structure[J]. Phys Rev Lett, 2007, 98(16):166804 – 166807.

[4] Evans M H, Joannopoulos J, Pantelides S T. Electronic and mechanical properties of planar and tubular boron structures[J]. Phys Rev B, 2005, 72(4): 045434 – 045439.

[5] Zhang Z, Penev E S, Yakobson B I. Two-dimensional boron:structures, properties and applications[J]. Chem Soc Rev, 2017, 46(22):6746 – 6763.

[6] Geim A K, Novoselov K S. The rise of graphene[J]. Nat Mater, 2007, 6 (3):183 – 191.

[7] Zhang Z, Penev E S, Yakobson B I. Two-dimensional materials: polyphony in B flat[J]. Nat Chem, 2016, 8(6):525 – 527.

［8］Boustani I. Systematic ab initio investigation of bare boron clusters: Determination of the geometryand electronic structures of B_n($n=2\sim14$)［J］. Phys Rev B, 1997, 55(24): 16426~16438.

［9］Zhai H J, Kiran B, Li J, et al. Hydrocarbon analogues of boron clusters-planarity, aromaticity and antiaromaticity［J］. Nat Mater, 2003, 2(12): 827-833.

［10］Lau K C, Pandey R. Stability and electronic properties of atomistically-engineered 2D boron sheets［J］. J Phys Chem C, 2007, 111(7): 2906-2912.

［11］Tang H, Ismail-Beigi S. Novel precursors for boron nanotubes: the competition of two-center and three-center bonding in boron sheets［J］. Phys Rev Lett, 2007, 99(11): 115501-115504.

［12］Wu X, Dai J, Zhao Y, et al. Two-dimensional boron monolayer sheets ［J］. ACS nano, 2012, 6(8): 7443-7453.

［13］Penev E S, Bhowmick S, Sadrzadeh A, et al. Polymorphism of two-dimensional boron［J］. Nano Lett, 2012, 12(5): 2441-2445.

［14］Zhou X F, Dong X, Oganov A R, et al. Semimetallic two-dimensional boron allotrope with massless Dirac fermions［J］. Phys Rev Lett, 2014, 112(8): 085502-085505.

［15］Mannix A J, Zhou X F, Kiraly B, et al. Synthesis of borophenes: anisotropic, two-dimensional boron polymorphs［J］. Science, 2015, 350(6267): 1513-1516.

［16］Feng B, Zhang J, Zhong Q, et al. Experimental realization of two-dimensional boron sheets［J］. Nat Chem, 2016, 8(6): 563-568.

［17］Zhang Z, Shirodkar S N, Yang Y, et al. Gate-voltage control of borophene structure formation［J］. Angew Chem, 2017, 129(48): 15623-15628.

［18］Shirodkar S N, Penev E S, Yakobson B I. Honeycomb boron: alchemy on aluminum pan［J］. Sci Bull, 2018, 63(5): 270-271.

［19］Li W, Kong L, Chen C, et al. Experimental realization of honeycomb borophene［J］. Sci Bull, 2018, 63(5): 282-286.

［20］Kresse G, Furthmüller J. Efficient iterative schemes for ab initio total-energy calculations using a plane-wave basis set［J］. Phys Rev B, 1996, 54(16): 11169-11186.

［21］Klimeš J, Bowler D R, Michaelides A. Van der Waals density functionals applied to solids［J］. Phys Rev B, 2011, 83(19): 195131.

［22］Kresse G, Joubert D. From ultrasoft pseudopotentials to the projector augmented-wave method［J］. Phys Rev B, 1999, 59(3): 1758-1775.

［23］Togo A, Tanaka I. First principles phonon calculations in materials science[J]. Scripta Mater, 2015, 108(1): 1 - 5.

[24] Wyckoff R W. Cubic closest packed, ccp[J]. Structure, Cryst Struct, 1963, 1(33): 7 - 83.

[25] Nix F, Macnair D. The thermal expansion of pure metals: copper, gold, aluminum, nickel, and iron[J]. Phys Rev, 1941, 60(8): 597 - 605.

[26] Zhang L, Yan Q, Du S, et al. Boron sheet adsorbed on metal surfaces: structures and electronic properties[J]. J Phys Chem C, 2012, 116(34): 18202 - 18206.

[27] Tetlow H, De Boer J P, Ford I, et al. Growth of epitaxial graphene: theory and experiment[J]. Phys Rep, 2014, 542(3): 195 - 295.

[28] Eom D, Prezzi D, Rim K T, et al. Structure and electronic properties of graphene nanoislands on Co (0001)[J]. Nano Lett, 2009, 9(8): 2844 - 2848.

[29] Martín-Recio A, Romero-Muñiz C, Martínez-Galera A J, et al. Tug-of-war between corrugation and binding energy: revealing the formation of multiple moiré patterns on a strongly interacting graphene-metal system[J]. Nanoscale, 2015, 7(26): 11300 - 11309.

[30] Hamada I, Otani M. Comparative van der Waals density-functional study of graphene on metal surfaces[J]. Phys Rev B, 2010, 82(15): 153412 - 153415.

[31] Busse C, Lazi P, Djemour R, et al. Graphene on Ir (111): physisorption with chemical modulation[J]. Phys Rev Lett, 2011, 107(3): 036101 - 036104.

[32] Vanin M, Mortensen J J, Kelkkanen A, et al. Graphene on metals: a van der Waals density functional study[J]. Phys Rev B, 2010, 81(8): 081408 - 081411.

[33] Stradi D, Barja S, Díaz C, et al. Lattice-matched versus lattice-mismatched models to describe epitaxial monolayer graphene on Ru (0001)[J]. Phys Rev B, 2013, 88(24): 245401 - 245414.

[34] Toyoda K, Nozawa K, Matsukawa N, et al. Density functional theoretical study of graphene on transition-metal surfaces: the role of metal d-band in the potential-energy surface[J]. J Phys Chem C, 2013, 117(16): 8156 - 8160.

[35] Tang W, Sanville E, Henkelman G. A grid-based Bader analysis algorithm without lattice bias[J]. J Phys: Condens Matter, 2009, 21(8): 084204 - 084210.

[36] Kozlov S M, Vin Es F, Go Rling A. Bonding mechanisms of graphene on metal surfaces[J]. J Phys Chem C, 2012, 116(13): 7360 - 7366.

[37] Braun O M, Kivshar Y S. Nonlinear dynamics of the Frenkel-Kontorova model[J]. Phys Rep, 1998, 306(1 - 2): 1 - 108.

6.2　双轴拉伸应变调控 MoS_2 热导率

6.2.1　MoS_2 热输运性质概述

　　三个原子层厚的 MoS_2[1] 是继石墨烯[2]之后另一个吸引研究者兴趣的二维材料. 不同于半金属性(semimetallic)的石墨烯[3,4],单层 MoS_2 是直接带隙半导体[1],因而克服了石墨烯零带隙的缺点[5,6]. 此外,较高的载流子迁移率[7,8]、近似完美的亚阈值摆幅[7,8]和稳定的饱和电流[7]使得 MoS_2 非常有希望应用于纳米电子器件. 实验也已经制备出基于 MoS_2 的柔性电子器件[9]和集成电路[10]. 此外,单层 MoS_2 还显示出不同于体相 MoS_2 的很强的光致发光效应,而体相 MoS_2 中光致发光效应几乎可以忽略[11].

　　虽然 MoS_2 的电子性质和光学性质已被实验和理论研究者广泛关注和深入研究[5-13],但对其声子输运性质的研究则显示出众多的分歧. Yan 等人利用拉曼光谱方法测量单层 MoS_2 的热导率约为 34.5 W/(m·K)[14],而对 11 层的 MoS_2 的测量发现其热导率大约为 52 W/(m·K)[15]. 此外,Li Shi 等人通过实验发现 4～7 层的 MoS_2 的热导率为 48～52 W/(m·K)[16]. 而最新的热调制反射谱实验测量发现多层 MoS_2 薄膜的热导率为 85～110 W/(m·K)[17]. 理论计算方面,Cai 等人通过非平衡格林函数方法发现单层 MoS_2 的热导率大约为 23.2 W/(m·K),他们估计起决定性作用的声子的自由程大约为 18.1 nm[18],此外,非平衡格林函数方法的理论研究也发现 MoS_2 纳米带的热导率表现出手性依赖性[19]. 而基于弛豫时间近似的波尔兹曼方程的计算发现尺寸为 1 μm 的单层 MoS_2 的热导率大约为 83 W/(m·K)[20],更精确的迭代方法给出的热导率约为 103 W/(m·K)[21]. 相比于波尔兹曼输运方程方法,利用分子动力学方法得到的热导率则小得多,如 Varshney 等人[22]通过分子动力学模拟发现体相 MoS_2 的面内热导率为 18.06 W/(m·K),而对于单层无限大的 MoS_2,Liu 等人的平衡态分子动力学模拟发现其热导率只有 1.35 W/(m·K)[23]. 最近,Jiang 等人[24]给出了 MoS_2 的 Stillinger-Weber 型经验势的最优参数,基于这一组参数,他们模拟发现单层 MoS_2 的热导率仅有约 5.5 W/(m·K)[24]. 同时,Jin 等人[25]利用同样的参数却得到了不同的热导率,他们模拟发现 300 K 温度下 MoS_2 的热导率高达 116.8 W/(m·K). 通过分子动力学方法得到的热导率显示出非常大的差异,这主要是由于分子动力学的计算非常依赖原子间经验势的精确性. 而基于第一性原理的波尔兹曼方程方法则不依赖于任何经验参数,通常具有更高的精确性.

　　当将 MoS_2 沉积于衬底用来制备电子器件时,MoS_2 和衬底之间晶格常数的不匹配不可避免地对 MoS_2 施加应变. 实验上也有很多种方法来给 MoS_2 施加应变,比如将 MoS_2 放置于柔软的衬底上,通过弯曲衬底施加应变[9,26];或者利用压电效应施加电压控制应变程度[27,28]. 那么施加应变后将如何影响 MoS_2 的热导率呢? 此外,

MoS$_2$具有较高的热电功率因子[29,30]，被认为可以用来制备热电器件[31]. 如果通过应变能够显著降低 MoS$_2$ 的热导率，那么该方法将极大地提高 MoS$_2$ 的热电转换效率. 这里我们利用第一性原理计算结合波尔兹曼方程方法研究双轴拉伸应变对于 MoS$_2$ 热导率的调控作用，我们的计算发现拉伸应变可以极大地削弱 MoS$_2$ 的热导率，而热导率的降低表现出奇异的尺寸依赖性.

6.2.2 计算方法

本研究中所有的第一性原理计算利用基于密度泛函理论的 Quantum ESSPRE-SO 完成[32]，电子与核之间的相互作用由模守恒赝势[33]描述，而电子之间的交换关联相互作用由 PBE 泛函描述[34]. 平面波基组的截断能设为 60 Ry，第一布里渊区采用网格大小为 $25 \times 25 \times 1$[35]，结构优化过程中能量和力的收敛标准分别为 1.0×10^{-7} Ry 和 1.0×10^{-4} Ry/Bohr. 两阶和三阶力常数通过超元胞有限位移方法[36,37]得到. 对于两阶力常数，我们选取的超元胞大小为 $4 \times 4 \times 1$. 对于三阶力常数，我们仅考虑了间距为 8.3 Bohr 范围内的原子对. 此外，MoS$_2$ 的理想临界拉伸应变为 20% 左右[38]，在我们的计算中仅考虑了从 0～7% 的应变幅度，这一应变范围在实验上也是可行的.

获得两阶和三阶力常数之后，我们通过求解声子波尔兹曼方程[36,37,39,40]来计算热导率(κ)，具体计算公式如下：

$$\kappa_\alpha = \frac{1}{NV} \sum_{\boldsymbol{q},s} C_V(\boldsymbol{q},s) v_\alpha^2(\boldsymbol{q},s) \tau(\boldsymbol{q},s) \tag{6.2-1}$$

这里 $C_V(\boldsymbol{q},s)$、$v_\alpha(\boldsymbol{q},s)$ 和 $\tau(\boldsymbol{q},s)$ 分别表示声子模式($\boldsymbol{q},s$)的比热、群速度和声子寿命. 声子寿命可以通过以下公式计算：

$$\frac{1}{\tau} = \frac{1}{\tau_{3ph}} + \frac{1}{\tau_{iso}} + \frac{1}{\tau_b} \tag{6.2-2}$$

其中 $\frac{1}{\tau_{3ph}}$、$\frac{1}{\tau_{iso}}$ 和 $\frac{1}{\tau_b}$ 分别表示非谐三声子散射几率、声子同位素散射几率和声子与边界的散射几率. 这里 τ_{3ph} 和 τ_{iso} 的具体计算可以参考文献[37,41,42]. 而声子与边界的散射几率 $\frac{1}{\tau_b}$ 可通过 $\frac{1}{\tau_b} = \frac{v}{L}$ 计算[20]，这里的 L 表示 MoS$_2$ 的尺寸，该公式对应于边界为完全粗糙的情况[20].

6.2.3 应变调控的热输运性质

未受应变作用时，尺寸为 1 μm 的 MoS$_2$ 的热导率约为 109 W/(m·K)，这一数值与之前的理论报道值[20,21]非常接近，也符合 Liu 等人[17]的实验结果. 如图 6.2-1 所示，施加应变之后，热导率随着应变增加而单调地快速下降. 比如中等程度的应变，即 2%～4%，可以导致热导率下降约 10%～20%. 而 7% 应变的 MoS$_2$，当其尺寸为 10 μm 时，热导率已经下降了约 50%. 通过进一步分析每一个频率的声子对于热导率的贡献(图 6.2-2),我们发现热导率的下降主要源自低频声子,而高频声子的贡献几乎可以忽略.这是因为高频声子(频率>7 THz)属于光学模式,它们的群速度非常小,而且受到严重的声子散射,具有较短的弛豫时间,因而高频光学模式对于热导率的贡献可以忽略.所以在接下来的讨论中,我们主要关心低频声学模式.

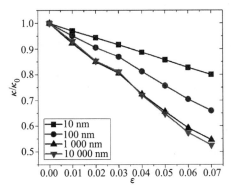

图 6.2-1　施加应变的 MoS$_2$ 与未施加应变的 MoS$_2$ 热导率的比值随应变的变化关系,计算中 MoS$_2$ 的尺寸分别取 10 nm、100 nm、1 000 nm 和 10 000 nm

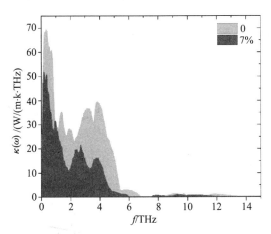

图 6.2-2　不同声子频率对于热导率的贡献

对于低频声学模式,当施加的应变增加时,横向(TA)和纵向(LA)声学模式发生软化[图 6.2-3(a)],因而这些模式的声子群速度迅速下降[图 6.2-3(b)和图 6.2-3(c)],这是它们对于热导率贡献下降的主要因素.更为有趣的是,面外声学模式(ZA),在布里渊区 Γ 点附近 ZA 模式的声子群速度却增加了[图 6.2-3(b)中的—■—].这是因为,当我们双轴拉伸 MoS$_2$ 时,原子沿着垂直于平面方向发生位移时需要消耗更多的能量,因而施加应变后的单层 MoS$_2$ 将变得不如未施加应变时柔软.换句话说,应变后的 MoS$_2$ 的弯曲刚度显著增加了,对于层状材料,ZA 模式的频率通常与波矢呈平方色散关系[43],即 $\omega^2(\boldsymbol{q}) = \dfrac{t}{\rho_{2D}}|\boldsymbol{q}|^4 + B|\boldsymbol{q}|^2$,这里 t 和 ρ_{2D} 分别为 MoS$_2$ 的弯

曲刚度和质量面密度. 当弯曲刚度增加时, ZA 模式的色散将硬化而不是软化, 因而 ZA 模式的群速度随着应变的增加反而增加了.

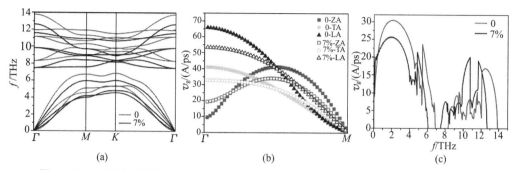

(a)   (b)   (c)

图 6.2-3　(a)施加应变和未施加应变的 MoS_2 的声子色散关系; (b)沿着 G-M 方向声子的群速度; (c)平均群速度随着频率的变化关系

与此同时, 应变也会影响声子的寿命, 但它对声子寿命的影响则更为复杂. 一方面, 应变后的 MoS_2 的力常数将削弱, 因而将降低非谐三声子散射几率, 因为三声子散射几率正比于三阶力常数的平方. 另一方面, 应变之后, 声子模式软化, 声学支分布在更小的频率空间, 声子散射的相空间也会相应增大, 而这将增大声子散射几率. 如图 6.2-4 所示, 7% 应变的 MoS_2 样品中, 声子散射空间相比于未应变的样品显著增加了. 这两个因素对于声子寿命的影响相互抵消. 此外,

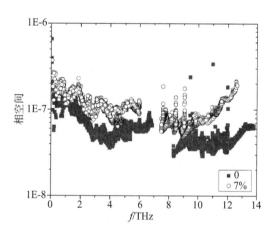

图 6.2-4　非谐三声子散射相空间

对于声子与边界的散射几率主要取决于声子的群速度. 对于尺寸较小的样品, 该散射机制将起决定性作用[见式(6.2-2)]. 所以声子-边界散射的几率是增加还是减小主要取决于声子的群速度在应变下如何变化, 因而我们需要根据不同的尺寸做详细的分析.

对于小尺寸的 MoS_2, 声子的弛豫时间主要取决于声子与边界的散射 $\left(\dfrac{1}{\tau_b}\right)$, 而 τ_b 反比于声子的群速度, 那么对于 TA 和 LA 声子模式, 因为它们的群速度随着应变增加而减小, 因而它们的弛豫时间将略增加. 但是对于 ZA 模式, 由于该模式的群速度在应变增加时也随之增加, 所以它们的弛豫时间反而减小. 不同的声子弛豫时间对应变的依赖性如图 6.2-5(a)所示. 尽管 ZA 模式的群速度增加了, 但是显著下降的弛豫时间仍然使得它们对于总热导率的贡献下降了. 对于 TA 和 LA 模式, 它们对于热导率的贡献也随着应变的增加而减小, 因而对于小尺寸的样品, 热导率总体来说随着应变的增加而逐渐减小.对于大尺寸的样品,主要的声子散射机制是非谐三声子散射,当应变增加时,削弱的力常数和增加的相空间两个因素相互抵消,使得应变对于声子寿命的影响较小[图 6.2-5(b)].因此,TA 和 LA 模式群速度的下降是使热导率下降的主要因素.

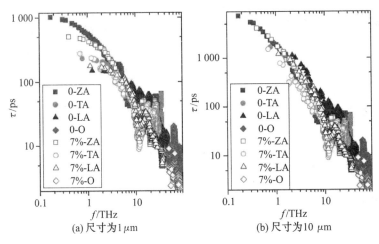

图 6.2-5　MoS₂ 样品中声子的弛豫时间

图 6.2-1 中另一个独特的现象是热导率的下降表现出奇异的尺寸依赖性.具体来说,大尺寸的 MoS₂ 中热导率的下降明显快于小尺寸的样品,而当样品尺寸大于 1 μm 后,样品热导率的下降速度趋于饱和.如我们前面解释的那样,声子与边界的散射是小尺寸样品中最主要的散射机制(图 6.2-6),而总的声子寿命 $\tau \approx \tau_b = L/v_g$,所以式(6.2-1)中的求和核 $\kappa(\boldsymbol{q}, s) = C_V v_{g2} \tau = \dfrac{C_V v_g^2 L}{v_g} \sim v_g$. 当样品尺寸足够大时,主要的声子散射机制是非谐三声子散射,而应变对于声子寿命的影响较小,因而对于式(6.2-1)中的求和核 $\kappa(\boldsymbol{q}, s) = C_V v_g^2 \tau \sim v_g^2$,热导率对于群速度的不同依赖性决定了随着应变增加热导率下降的速率.

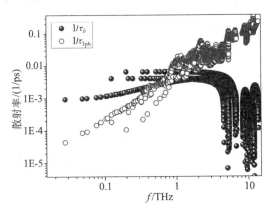

图 6.2-6　MoS₂ 中三声子散射率和边界散射几率的比较,样品长度为 1 μm

6.2.4 结论

通过理论计算,我们发现 MoS_2 的热导率随着拉伸应变的增加而迅速减小,对于尺寸为 1 μm 的样品,施加 7% 的应变足以将热导率减小 45%,热导率的减小主要源于声子软化导致的群速度下降. 此外,声子热导率的下降还表现出独特的尺寸依赖性,大尺寸的样品其热导率随着应变增加更快地下降. 当样品尺寸大于 1 μm 时,热导率下降速度趋于饱和. 其内在机理在于小尺寸样品中主要散射机制是声子边界散射,因而 $\kappa(q, s) \sim v_g$;大尺寸样品中主要的散射机制是非谐三声子散射,而 $\kappa(q, s) \sim v_{g2}$,对于群速度的不同依赖性可以解释热导率下降速度对于样品尺寸的依赖性. 实验研究已经证实室温下 MoS_2 具有非常高的 Seebeck 系数,达 30 meV/K[30],这意味着 MoS_2 也许是比较好的热电材料. 研究还证实施加微小的应变(约 3%),可以将 MoS_2 的电导率提高四倍[44],我们的研究发现施加应变可以使其热导率显著减小. 这样,较高的 Seebeck 系数、应变后增加的电导率和显著削弱的热导率的结合,将显著提高 MoS_2 的热电转换效率,所以双轴应变也许是提高 MoS_2 热电优值一个有效的办法.

参考文献

[1] Mak K F, Lee C, Hone J, et al. Atomically thin MoS_2: a new direct-Gap semiconductor[J]. Phys Rev Lett, 2010, 105(13): 136805 – 136808.

[2] Novoselov K S, Jiang D, Schedin F, et al. Two-dimensional atomic crystals[J]. Proc Natl Acad Sci USA, 2005, 102(30): 10451 – 10453.

[3] Novoselov K S, Geim A K, Morozov S V, et al. Electric field effect in atomically thin carbon films[J]. Science, 2004, 306(5696): 666 – 669.

[4] Castro Neto A, Guinea F, Peres N, et al. The electronic properties of graphene[J]. Rev Mod Phys, 2009, 81(1): 109 – 162.

[5] Novoselov K. Graphene: mind the gap[J]. Nat Mater, 2007, 6(10): 720 – 721.

[6] Meric I, Han M Y, Young A F, et al. Current saturation in zero-bandgap, top-gated graphene field-effect transistors[J]. Nat Nano, 2008, 3(11): 654 – 659.

[7] Kim S, Konar A, Hwang W S, et al. High-mobility and low-power thin-film transistors based on multilayer MoS_2 crystals[J]. Nat Commun, 2012, 3(1): 1011 – 1011.

[8] Perera M M, Lin M W, Chuang H J, et al. Improved carrier mobility in few-layer MoS_2 field-effect transistors with ionic-liquid gating[J]. ACS Nano, 2013, 7(5): 4449 – 4458.

［9］Pu J，Yomogida Y，Liu K K，et al. Highly flexible MoS_2 thin-film transistors with ion gel dielectrics［J］. Nano Letters，2012，12(8)：4013 – 4017.

［10］Wang H，Yu L，Lee Y H，et al. Integrated circuits based on bilayer MoS_2 transistors［J］. Nano Letters，2012，12(9)：4674 – 4680.

［11］Splendiani A，Sun L，Zhang Y，et al. Emerging photoluminescence in monolayer MoS_2［J］. Nano Letters，2010，10(4)：1271 – 1275.

［12］Zhu L，Zhang T. Suppressing band gap of MoS_2 by the incorporation of four- and eight-membered rings［J］. J Nanopart Res，2015，17(5)：220 – 226.

［13］Garimella S V，Fleischer A S，Murthy J Y，et al. Thermal challenges in next-generation electronic systems［J］. IEEE Trans Compon Packag Manuf Technol，2008，31(4)：801 – 815.

［14］Yan R，Simpson J R，Bertolazzi S，et al. Thermal conductivity of monolayer molybdenum disulfide obtained from temperature-dependent raman spectroscopy［J］. ACS Nano，2014，8(1)：986 – 993.

［15］Sahoo S，Gaur A P S，Ahmadi M，et al. Temperature-dependent raman studies and thermal conductivity of few-layer MoS_2［J］. J Phys Chem C，2013，117 (17)：9042 – 9047.

［16］Jo I，Pettes M T，Ou E，et al. Basal-plane thermal conductivity of few-layer molybdenum disulfide［J］. Appl Phys Lett，2014，104(20)：201902 – 201902.

［17］Liu J，Choi G M，Cahill D G. Measurement of the anisotropic thermal conductivity of molybdenum disulfide by the time-resolved magneto-optic Kerr effect［J］. J Appl Phys，2014，116(23)：233107 – 233112.

［18］Cai Y，Lan J，Zhang G，et al. Lattice vibrational modes and phonon thermal conductivity of monolayer MoS_2［J］. Phys Rev B，2014，89(3)：035438 – 035445.

［19］Jiang J W，Zhuang X，Rabczuk T. Orientation dependent thermal conductance in single-layer MoS_2［J］. Sci Rep，2013，3(1)：2209 – 2209.

［20］Li W，Carrete J，Mingo N. Thermal conductivity and phonon linewidths of monolayer MoS_2 from first principles［J］. Appl Phys Lett，2013，103(25)：253103 – 253103.

［21］Gu X，Yang R. Phonon transport in single-layer transition metal dichalcogenides：a first-principles study［J］. Appl Phys Lett，2014，105(13)：131903 – 131903.

［22］Varshney V，Patnaik S S，Muratore C，et al. MD simulations of molybdenum disulphide (MoS2)：force-field parameterization and thermal transport behavior［J］. Comput Mater Sci，2010，48(1)：101 – 108.

[23] Liu X, Zhang G, Pei Q X, et al. Phonon thermal conductivity of mono layer MoS_2 sheet and nanoribbons[J]. Appl Phys Lett, 2013, 103(13): 133113 - 133113.

[24] Jiang J W, Park H S, Rabczuk T. Molecular dynamics simulations of single-layer molybdenum disulphide (MoS_2): stillinger-weber parametrization, mechanical properties, and thermal conductivity[J]. J Appl Phys, 2013, 114(6): 064307 - 064313.

[25] Jin Z, Liao Q, Fang H, et al. A revisit to high thermoelectric performance of single-layer MoS_2[J]. Sci Rep, 2015, 5(1): 18342 - 18342.

[26] Ni Z H, Yu T, Lu Y H, et al. Uniaxial strain on graphene: raman spectroscopy study and band-gap opening[J]. ACS Nano, 2008, 2(11): 2301 - 2305.

[27] Conley H J, Wang B, Ziegler J I, et al. Bandgap engineering of strained monolayer and bilayer MoS_2[J]. Nano Letters, 2013, 13(8): 3626 - 3630.

[28] Hui Y Y, Liu X, Jie W, et al. Exceptional tunability of band energy in a compressively strained trilayer MoS_2 sheet[J]. ACS Nano, 2013, 7(8): 7126 - 7131.

[29] Babaei H, Khodadadi J M, Sinha S. Large theoretical thermoelectric power factor of suspended single-layer MoS_2[J]. Appl Phys Lett, 2014, 105(19): 193901 - 193901.

[30] Wu J, Schmidt H, Amara K K, et al. Large thermoelectricity via variable range hopping in chemical vapor deposition grown single-layer MoS_2[J]. Nano Letters, 2014, 14(5): 2730 - 2734.

[31] Zhang G, Zhang Y W. Strain effects on thermoelectric properties of two-dimensional materials[J]. Mech Mater, 2015, 91(1): 382 - 398.

[32] Giannozzi P, Baroni S, Bonini N, et al. QUANTUM ESPRESSO: a modular and open-source software project for quantum simulations of materials[J]. J Phys: Conden Matter, 2009, 21(39): 395502.

[33] Troullier N, Martins J L. Efficient pseudopotentials for plane-wave calculations[J]. Phys Rev B, 1991, 43(3): 1993 - 2016.

[34] Perdew J, Burke K, Ernzerhof M. Generalized gradient approximation made simple[J]. Phys Rev Lett, 1996, 77(18): 3865 - 3868.

[35] Monkhorst H, Pack J. Special points for Brillouin-zone integrations[J]. Phys Rev B, 1976, 13(12): 5188 - 5192.

[36] Li W, Carrete J, Katcho N A, et al. ShengBTE: A solver of the Boltzmann transport equation for phonons[J]. Comput Phys Commun, 2014, 185(6): 1747 - 1758.

[37] Li W, Lindsay L, Broido D A, et al. Thermal conductivity of bulk and nanowire $Mg_2Si_xSn_{1-x}$ alloys from first principles[J]. Phys Rev B, 2012, 86(17): 174307 – 174314.

[38] Li T. Ideal strength and phonon instability in single-layer MoS_2[J]. Phys Rev B, 2012, 85(23): 235407 – 235411.

[39] Li W, Mingo N, Lindsay L, et al. Thermal conductivity of diamond nanowires from first principles[J]. Phys Rev B, 2012, 85(19): 195436 – 195440.

[40] Li W, Mingo N. Thermal conductivity of fully filled skutterudites: role of the filler[J]. Phys Rev B, 2014, 89(18): 184304 – 184308.

[41] Li W, Mingo N. Ultralow lattice thermal conductivity of the fully filled skutterudite $YbFe_4Sb_{12}$ due to the flat avoided-crossing filler modes[J]. Phys Rev B, 2015, 91(14): 144304 – 144309.

[42] Broido D A, Malorny M, Birner G, et al. Intrinsic lattice thermal conductivity of semiconductors from first principles[J]. Appl Phys Lett, 2007, 91(23): 231922 – 231922.

[43] Hartmut Z. Phonons in layered compounds[J]. J Phys: Cenden Mater, 2001, 13(34): 7679 – 7690.

[44] Ge Y, Wan W, Feng W, et al. Effect of doping and strain modulations on electron transport in monolayer MoS_2[J]. Phys Rev B, 2014, 90(3): 035414 – 035419.

有效哈密顿模型构建

本章主要介绍密度泛函理论在构建低能有效模型方面的应用实例,虽然密度泛函方法非常精确地描述了低维纳米材料的众多物理性质,然而该方法为了达到所需的高精度,体系哈密顿量中包含了尽可能多的相互作用项,因此一些关键性因素往往被大量的较弱的相互作用项所掩盖.若能从中构建出有效的低能哈密顿模型,必定有助于我们直观地理解各种物理现象中的决定性因素和背后的机理.本章我们以构建蜂窝结构硼烯的电子哈密顿量以及蓝磷烯原子间相互作用力场为例,介绍密度泛函理论在低能有效哈密顿模型构建方面的应用.

7.1 单层蜂窝结构硼烯的紧束缚模型研究

7.1.1 硼烯研究概述

自石墨烯被成功剥离以来[1],对二维(2D)材料的探索引起了实验和理论研究者的广泛关注[2].继石墨烯之后,科学家希望找到更多具有优良特性的二维材料.硼元素因为是碳的"近邻"而成为首要目标,近年来实验和理论研究者一直致力于寻找硼的二维同素异形体(borophene,中文译作"硼墨烯"或"硼烯")[3].19世纪初,科学家发现硼(Boron,B)元素,而在自然界中没有稳定的单质硼晶体,到了20世纪,才成功制备出99%纯度的单质硼.硼原子的基态电子层结构是[He]$2s^2 2p^1$,价电子数是3,但原子轨道数为4,硼的价电子数比其原子轨道数少一个,成键时不能填充满价电子层,因此,硼原子最外层缺少电子,导致硼原子通常形成多中心键.多中心键在体系的稳定性和电子性质方面起着决定性的作用.这种特殊的硼原子的电子结构导致硼的多面体特性,倾向于形成具有复杂多面体结构的材料.这使得硼的晶体结构及物理、化学性质产生了很大差异.对小尺寸硼团簇的广泛研究表明,三角形格子是构建大型硼团簇的基本单元[4,5].受这些发现的启发,有理论研究提出,屈曲三角形结构的二维硼是一种稳定硼同素异形体[6].然而进一步的研究表明,通过在原始三角形晶格中移除少量硼原子形成六边形孔洞,可以显著提高硼烯的内聚能[7].例如,Tang等人[7]预测了两种能量更低的硼二维同素异形体,其孔隙率分别为1/9和1/7,这两种结构分别被称作α-硼烯和β-硼烯.目前粒子群优化[8]、集团展开[9]、遗传算法[10]等先进算法已被广泛用来搜索2D硼的候选者.除了上述这些理论研究外,实验方面利用超高真空分子束外延(MBE)方法,已经成功地在Ag(111)衬底上获得了理论期待已久的单层硼烯[11,12].其中矩形和菱形相分别对应孔隙率为 1/6 和 1/5 二维硼烯同素异形体[13].

二维硼烯除了具有多样的同素异形体外,还具有许多突出的物理和化学性质[13].例如,Zhang 等人预测平面硼烯的各向异性的高拉伸模量为 189～399 N/m[14],该数值与石墨烯和六方氮化硼的模量相当[15,16].除了优异的机械强度外,结构多样性使许多 2D 同素异形体具有非平凡的电子结构和出现的费米子,如 Dirac[17] 和三重态费米子[18].此外,理论研究还预测硼烯是可见光区域中高频等离子体材料[19],这种有趣的性质使得硼烯有着广泛的应用价值,如电子器件和光电器件.另外,石墨烯典型的电子能带结构[20],即线性能量-动量关系导致的无质量狄拉克费米子使得人们对探索类石墨烯蜂窝的二维材料产生了巨大兴趣.因此,我们很自然地会联想到蜂窝结构的硼烯(Honeycomb Borophene)是否可以稳定地存在?不幸的是,研究发现独立的蜂窝结构硼烯在动力学上是不稳定的.这是因为每个硼原子只有三个价电子.然而,硼原子可以与三个最近邻居以及一个 π 键形成三个 σ 键.因此,所有三个价电子都倾向于占据键合 σ 轨道,对于蜂窝结构硼烯的稳定性有重要作用的 π 轨道几乎未被占用,因而硼的电子缺乏不利于蜂窝结构硼烯的稳定性[7,21,22].

最近实验合成的硼烯并非理论模拟预测的最低能量结构 α-硼烯[11,12],这可能是由于 Ag(111)向硼烯的电荷掺杂.Zhang 等人[23]开展的研究清楚地证明了硼烯的最低能量同素异形体取决于掺杂到硼烯上的电荷,最低能量结构的孔隙率随着掺入硼烯的电荷量的增加而增加.更有趣的是,如果每个硼原子掺杂电荷大于 0.5 个电子,蜂窝结构硼烯将成为二维硼的最低能量结构[24].最近中国科学院物理研究所吴克辉、陈岚研究员等深入开展硼烯薄膜的制备研究,他们采用单晶 Al(111)作为基底,通过对生长参数的精确调控,已成功制备出蜂窝状结构的硼烯薄膜[25].他们使用分子束外延法在 Al(111)衬底上合成硼烯.对于 Al(111)上负载的硼烯进行的第一性原理计算发现从 Al(111)转移到每个硼原子的电子约为 0.7[25],故使得在 Al(111)上实现蜂窝结构硼烯成为可能.

鉴于实验上已成功地合成了蜂窝结构硼烯,我们拟研究单层蜂窝结构硼烯的紧束缚模型,通过将遗传算法[26]和单纯形法相结合,我们以第一原理结果为拟合数据,得到一组最优的 Slate-Koster 参数[27],该参数可以很好地再现蜂窝结构硼烯的能带结构、状态密度(DOS)和介电常数,该精确的紧束缚模型有助于对大规模蜂窝结构硼烯的电子和光学性质进行数值研究.

7.1.2 硼烯晶体结构

在硼烯的蜂窝相中,元胞中共有两个硼原子(图 7.1-1 中 A 和 B 原子),这两个原子在元胞中的位置可以表示为(以布拉菲格子基矢为单位):

$$\boldsymbol{a}_1 = (a, 0, 0)^{\mathrm{T}} \tag{7.1-1}$$

$$\boldsymbol{a}_2 = \left(-\frac{1}{2}a, \frac{\sqrt{3}}{2}a, 0\right)^{\mathrm{T}} \tag{7.1-2}$$

其中,a 是蜂窝结构硼烯的晶格常数,即 2.92 Å.

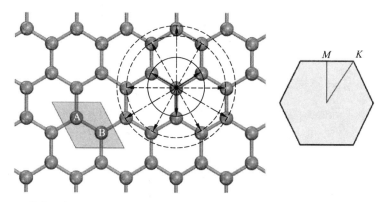

图 7.1-1 蜂窝结构硼烯的原子结构(左)和第一布里渊区(右).菱形表示单层蜂窝结构硼烯的元胞;而实线、虚线、点划线箭头表示 B 型中心原子的第一、第二和第三近邻

在蜂窝晶格中,每一个硼原子有 3 个最近邻原子(NN)和 6(3)个第二(第三)近邻原子,连接 A(B)型中心原子到最近邻原子的矢量 $\boldsymbol{\delta}_1$ 分别为

$$\boldsymbol{\delta}_{1,\pm}^{\ 1} = \pm\left(0, \frac{1}{\sqrt{3}}a, 0\right)^{\mathrm{T}} \tag{7.1-3}$$

$$\boldsymbol{\delta}_{2,\pm}^{\ 1} = \pm\left(\frac{1}{2}a, -\frac{1}{2\sqrt{3}}a\right)^{\mathrm{T}} \tag{7.1-4}$$

$$\boldsymbol{\delta}_{3,\pm}^{\ 1} = \pm\left(-\frac{1}{2}a, -\frac{1}{2\sqrt{3}}a\right)^{\mathrm{T}} \tag{7.1-5}$$

其中,符号 +(−) 对应于中心原子是 A(B)类型.以类似的方式,连接中心原子与第二近邻的矢量由下式给出:

$$\boldsymbol{\delta}_1^{\ 2} = (a, 0, 0)^{\mathrm{T}} \tag{7.1-6}$$

$$\boldsymbol{\delta}_2^{\ 2} = (-a, 0, 0)^{\mathrm{T}} \tag{7.1-7}$$

$$\boldsymbol{\delta}_3^{\ 2} = \left(\frac{1}{2}a, \frac{\sqrt{3}}{2}a, 0\right)^{\mathrm{T}} \tag{7.1-8}$$

$$\boldsymbol{\delta}_4^{\ 2} = \left(-\frac{1}{2}a, \frac{\sqrt{3}}{2}a, 0\right)^{\mathrm{T}} \tag{7.1-9}$$

$$\boldsymbol{\delta}_5^{\ 2} = \left(\frac{1}{2}a, -\frac{\sqrt{3}}{2}a, 0\right)^{\mathrm{T}} \tag{7.1-10}$$

$$\boldsymbol{\delta}_6^{\ 2} = \left(-\frac{1}{2}a, -\frac{\sqrt{3}}{2}a, 0\right)^{\mathrm{T}} \tag{7.1-11}$$

连接 A 型和 B 型中心原子与第三近邻的矢量可以表示为

$$\boldsymbol{\delta}_{1,\pm}^{\ 3} = \pm\left(0, -\frac{2}{\sqrt{3}}a, 0\right)^{\mathrm{T}} \tag{7.1-12}$$

$$\boldsymbol{\delta}_{2,\pm^3} = \pm \left(a, \frac{1}{\sqrt{3}}a, 0 \right)^{\mathrm{T}} \tag{7.1-13}$$

$$\boldsymbol{\delta}_{3,\pm^3} = \pm \left(-a, \frac{2}{\sqrt{3}}a, 0 \right)^{\mathrm{T}} \tag{7.1-14}$$

7.1.3　紧束缚模型

近自由电子近似方法认为原子实对电子的影响很小,电子的运动基本上是自由的.该方法主要适用于金属的价电子,但不适用于其他晶体中的电子,甚至也并不适用于金属的内电子.在大多数晶体中,电子并不是那么自由的,即使在金属和半导体中的内电子也会被原子束缚.当晶体中原子的间距很大时,原子实对电子具有强烈的束缚作用.因此,当电子更接近原子实时,该原子势场影响电子,这时电子的行为类似于孤立原子中电子的行为.此时,孤立原子可视为零级近似,其他原子势场的影响可视为微扰.这种方法称为紧束缚近似.紧束缚模型方法的基础是紧束缚近似.

每个硼原子的基函数由四个原子轨道构成,即一个 s 轨道加上三个 p 轨道(p_x, p_y, p_z).由于蜂窝结构硼烯的元胞含有两个硼原子,因此哈密顿量是八维的,元胞中的硼原子 A 和 B 的基函数如下:

$$|\varphi\rangle = (|\varphi_s^{\mathrm{A}}\rangle, |\varphi_{p_x}^{\mathrm{A}}\rangle, |\varphi_{p_y}^{\mathrm{A}}\rangle, |\varphi_{p_z}^{\mathrm{A}}\rangle, |\varphi_s^{\mathrm{B}}\rangle, |\varphi_{p_x}^{\mathrm{B}}\rangle, |\varphi_{p_y}^{\mathrm{B}}\rangle, |\varphi_{p_z}^{\mathrm{B}}\rangle)^{\mathrm{T}} \tag{7.1-15}$$

为了满足布洛赫定理,我们以原子基函数构造布洛赫基函数 $|\varphi_{i\alpha}(\boldsymbol{k})\rangle$:

$$\left| \varphi_{i\alpha}(\boldsymbol{k}) \right\rangle = \sum_{\boldsymbol{R}} \mathrm{e}^{\mathrm{i}\boldsymbol{k}\cdot(\boldsymbol{R}+\boldsymbol{r}_i)} \left| \varphi_\alpha^i \right\rangle \tag{7.1-16}$$

其中 $\boldsymbol{k}$ 是晶格波矢,i 代表元胞中的硼原子(即图 7.1-1 中的 A 和 B 型硼原子),$\boldsymbol{R}$ 表示晶格矢量.晶体的 Bloch 本征态可以用下述 Bloch 基函数展开:

$$\left| \varPsi_n(\boldsymbol{k}) \right\rangle = \sum_{i\alpha} c_{i\alpha}^{n\boldsymbol{k}} \left| \varphi_{i\alpha}(\boldsymbol{k}) \right\rangle \tag{7.1-17}$$

那么久期方程 $H|\varPsi\rangle = E|\varPsi\rangle$,可以转化为矩阵形式:

$$\boldsymbol{H}(\boldsymbol{k}) \cdot \boldsymbol{C}^{n\boldsymbol{k}} = E^{n\boldsymbol{k}} \boldsymbol{O} \cdot \boldsymbol{C}^{n\boldsymbol{k}} \tag{7.1-18}$$

其中,

$$H_{i\alpha,j\beta} = \sum_{l,t} \mathrm{e}^{\mathrm{i}\boldsymbol{k}\cdot\boldsymbol{\delta}_t^l} \langle \varphi_\alpha^i(0) \mid H \mid \varphi_\beta^j(\boldsymbol{\delta}_t) \rangle \tag{7.1-19}$$

$$O_{i\alpha,j\beta} = \sum_{l,t} \mathrm{e}^{\mathrm{i}\boldsymbol{k}\cdot\boldsymbol{\delta}_t^l} \langle \varphi_\alpha^i(0) \mid \varphi_\beta^j(\boldsymbol{\delta}_t) \rangle \tag{7.1-20}$$

分别是原子 i 的 α 轨道和原子 j 的 β 轨道之间的跃迁矩阵元和重叠矩阵元.不同轨道之间的跳跃矩阵元素可以根据 Slater-Koster(SK)参数 $V_{ss\sigma}^l$、$V_{sp\sigma}^l$、$V_{pp\sigma}^l$、$V_{pp\pi}^l$ 计算(表 7.1-1),其中 $\lambda = 1, 2$ 和 3,分别表示第一、第二和第三近邻.除跳跃矩阵元素外,s 和 p 轨道的在位能量由 E_s 和 E_p 表示.重叠矩阵元也可以相应地用 SK 参数 $O_{ss\sigma}^l$、$O_{sp\sigma}^l$、$O_{pp\sigma}^l$、$O_{pp\pi}^l$ 以类似的方式计算得到.因此,我们需要从第一原理计算中确定的独立参数为 26 个.

表 7.1-1 使用 SK 参数计算跳跃矩阵元素 $\langle \varphi_\alpha^i | H | \varphi_\beta^j \rangle$ 的公式,公式中 l、m、n 表示从原子 i 指向邻近原子 j 向量的方向余弦

	s	p_x	p_y	p_z
s	$V_{ss\sigma}$	$-lV_{ss\sigma}$	$-mV_{ss\sigma}$	$nV_{ss\sigma}$
p_x	$-lV_{ss\sigma}$	$l^2 V_{pp\sigma} + (1-l^2)V_{pp\pi}$	$lm(V_{pp\sigma} - V_{pp\pi})$	$ln(V_{pp\sigma} - V_{pp\pi})$
p_y	$-mV_{ss\sigma}$	$lm(V_{pp\sigma} - V_{pp\pi})$	$m^2 V_{pp\sigma} + (1-m^2)V_{pp\pi}$	$mn(V_{pp\sigma} - V_{pp\pi})$
p_z	$-nV_{ss\sigma}$	$ln(V_{pp\sigma} - V_{pp\pi})$	$mn(V_{pp\sigma} - V_{pp\pi})$	$n^2 V_{pp\sigma} + (1-n^2)V_{pp\pi}$

7.1.4　第一性原理计算

本文中所有第一性原理计算均采用基于密度泛函理论(DFT)的 SIESTA 软件进行[28].电子之间的交换关联相互作用采用由 Perdew、Burke 和 Ernzerhof 参数化的广义梯度近似泛函[29]来描述;而电子和离子之间的库仑相互作用采用模守恒的赝势来描述[30].体系波函数利用双数值原子基组加极化轨道展开(DZP),截断能量设定为 200 Ry.布里渊区采样基于 $25 \times 25 \times 1$ 的 K 点网格进行.蜂窝硼烯结构优化时采用共轭梯度法,直到每个原子上的受力小于 1.0×10^{-2} eV/Å.

7.1.5　SK 参数的优化

图 7.1-2 显示了从 DFT 计算得到的蜂窝结构硼烯的能带结构,其总体上类似于石墨烯.每个硼原子的 s、p_x 和 p_y 轨道以 sp^2 杂化与周围的三个最近邻硼原子形成三个 σ 键,σ 键在硼原子之间高度局域,因而成键和反键 σ 电子态之间存在着很大的能隙.而剩余的 p_z 轨道之间的耦合可以形成离域 π 键.然而,成键和反键 π 态恰好相交于布里渊区六个顶点处,即所谓的 Dirac 点.石墨烯中这种线性的锥形能带引起了众

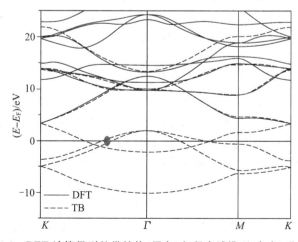

图 7.1-2 DFT 计算得到的带结构(黑色)与紧束缚模型(灰色)进行比较

多奇异的物理特性,因此在过去的几十年中搜索材料的能带结构出现线性交叉点成为一个有趣的话题.但每个硼原子的价电子数为 3,小于可用的轨道数目(即 4 个轨道).因此,大多数价电子占据三个 σ 成键轨道;而大部分 π 成键状态未被占据.蜂窝结构的硼烯中的狄拉克点能量比费米能级约高 3.5 eV.

表 7.1-2　单层蜂窝结构硼烯优化的 SK 参数(以 eV 为单位)

参数	v^1	v^2	v^3	O^1	O^2	O^3
ssσ	-2.796	3.687×10^{-2}	-7.119×10^{-2}	-7.783×10^{-3}	-3.873×10^{-2}	6.655×10^{-2}
spσ	3.754	5.543×10^{-2}	-8.432×10^{-3}	-1.963×10^{-1}	3.377×10^{-2}	-1.375×10^{-2}
ppσ	2.886	1.890×10^{-1}	6.916×10^{-1}	-2.517×10^{-1}	-7.771×10^{-3}	-1.280×10^{-2}
ppπ	-2.213	9.670×10^{-2}	-3.036×10^{-3}	-1.339×10^{-2}	2.136×10^{-3}	5.992×10^{-2}
Es	-1.030					
Ep	3.673					
ppπ(G)[31]	-2.970	-0.073	-0.330	0.073	0.018	0.026
ppπ(G)[32]	-2.780	-0.150	-0.095	0.117	0.004	0.002
ppπ(GNR)[33]	-2.756	-0.071	-0.380	0.093	0.079	0.070

接下来我们对蜂窝结构硼烯的 SK 参数进行拟合,这部分通常是一项困难的工作,因为我们必须精确地拟合能带的位置以及它们的轨道成分.为了获得准确的 SK 参数,我们采用了两种策略,首先采用遗传算法来优化 SK 参数,初始种群大小为 200,然后评估群体的适应度,通过杂交变异等操作对参数集进行演化.拟合的目标函数定义如下:

$$F = \sum_{nk}\omega_k(E_{\mathrm{TB}}^{nk} - E_{\mathrm{DFT}}^{nk})^2 \tag{7.1-21}$$

其中 ω_k 为 k 点处的权值.基于遗传算法,我们可以粗略地获得一些较优的参数集,这些参数集计算的能带结构能够与第一性原理计算结果符合得很好.接下来我们利用 Nelder-Mead 单纯形[34]算法进一步精细化这些参数集.

7.1.6　能带、态密度和介电函数

以单纯形法获得的最优 SK 参数列于表 7.1-2 中,由该组参数计算得到的蜂窝结构硼烯的能带结构绘制在图 7.1-2 中,显然紧束缚模型得到的能带结构能够与 DFT 计算结果符合得非常好.为了进一步验证能带的轨道成分,我们还在图 7.1-3 中绘制了相应的原子轨道分辨态密度,并将它们与 DFT 结果进行了比较,从紧束缚模型得到的态密度与从 DFT 计算得到的态密度几乎重合,包括范霍夫奇点的形状和位置.从图 7.1-3 可以看出,p_z 态的态密度在 $E = 3.5$ eV 时为零,是成键和反键 π 轨道的分界点;从二维能带结构图中也可发现,成键和反键 π 轨道精确地相交于布里渊区的六个顶点,即 K 和 K' 点;三维 π 能带图可以更加直观地证明这一点(图 7.1-4).

然而不同于石墨烯的是蜂窝结构硼烯的狄拉克点能量比费米能级高约 3.5 eV,因此很难观察到蜂窝结构硼烯中无质量狄拉克费米子的激发. 因此,迫切需要找到合适的绝缘衬底,该衬底能够将足够的电子掺杂到蜂窝结构硼烯,并且与蜂窝结构硼烯的 π 轨道几乎没有重叠的状态,这样足够的电荷掺杂最终可能使狄拉克点接近费米能级.

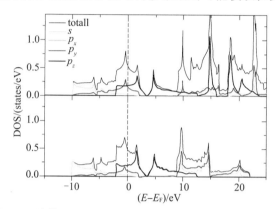

图 7.1-3   由 DFT 计算(上图)和紧束缚模型(下图)得到的原子轨道分辨态密度

为了进一步验证紧束缚模型在描述蜂窝结构硼烯的光学特性的精确性,我们计算了由带间跃迁贡献的介电函数虚部[35,36],并与 DFT 获得的相应结果进行比较(图 7.1-5).总的来说,这两种方法得到了近乎一致的结果,证实了紧束缚模型具有非常高的精度.介电函数谱中主峰(约 0.8 eV)是由布里渊区 $\Gamma\text{-}K$ 路径的中点附近发生的带间跃迁贡献的(图 7.1-2 中小的椭圆形阴影部分),在这样的阴影区域内,两条带具有相似的斜率,从而导致较大的联和态密度.这里需要注意的是,我们得到的介电函数并不精确,因为我们只考虑了带间跃迁的贡献,而自由载流子对介电函数的贡献对于金属系统也非常重要,为了得到准确的介电函数,必须采用更加精确的计算方法.

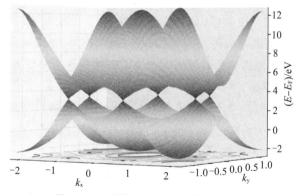

图 7.1-4   成键和反键 π 能带的三维图

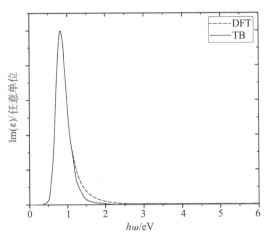

图 7.1-5 从 DFT 计算和紧束缚模型得到的介电函数虚部与光子能量的关系

表 7.1-2 中,我们进一步比较了二维石墨烯[31,32] 和一维石墨烯纳米带[33] 的优化 SK 参数. 显然,蜂窝结构硼烯中最近邻原子平面 p_z 轨道之间的重叠相互作用($V_{pp\pi}$) 小于石墨烯或石墨烯纳米带,这可归因于 B—B 键长为 1.68 Å,比 C—C 键长约 18%. 蜂窝结构硼烯中较小的 $V_{pp\pi}$ 将削弱狄拉克锥周围的费米速度,因为费米速度正比于 $V_{pp\pi}$ 的大小[20],计算发现硼烯中费米速度为 0.81×10^6 m/s,小于石墨烯中的费米速度(约 1×10^6 m/s)[20].

7.1.7 讨论

其他一些需要注意的问题是:首先我们的紧束缚模型仅适用于完美无缺陷的单层蜂窝结构硼烯,它无法用于研究蜂窝结构硼烯单层与其他原子的相互作用,如蜂窝结构硼烯与氢和卤原子的官能化以及其他硼原子吸附到蜂窝结构硼烯上的体系. 这是因为 SK 参数对成键环境敏感,如键长和键角. 为了使紧束缚模型具有可迁移性,我们必须考虑 SK 参数的键长等结构参数的依赖性. 此外,紧束缚模型不包括层与层之间的相互作用,部分原因是到目前为止仅实验性地实现了单层蜂窝结构硼烯. 如果双层蜂窝结构硼烯支撑在 Al(111) 上,根据我们的 DFT 计算,掺杂到蜂窝结构硼烯顶层的电子几乎为零,而张等人的研究工作预测只有当蜂窝结构硼烯中掺杂了足够多的电子(即每个硼原子约含 0.5 个电子[24])时,二维蜂窝结构硼烯才能成为最低的能量构型. 因此,双层或多层蜂窝结构硼烯可能不容易合成.

7.1.8 结论

本书中我们优化了单层蜂窝结构硼烯紧束缚模型的 SK 参数,得到的最优 SK 参数集可以高度准确地再现由第一性原理计算得到的能带结构和态密度,因此该参数集可以作为未来进一步大规模数值研究单层蜂窝结构硼烯电子和光学性质的起点. 蜂窝结构硼烯的缺点是狄拉克点能量远高于费米能级,因此,需要找到一种适合的介电基底,该介电基底能提高足够的电荷掺杂并且稳定蜂窝结构硼烯,电荷掺杂可以使狄拉克点能量接近费米能级,这样硼烯未来有望用于制造纳米电子器件和光电器件.

参考文献

[1] Novoselov K S, Geim A K, Morozov S V, et al. Electric field effect in atomically thin carbon films [J]. Science, 2004, 306(5696): 666 - 669.

[2] Geim A K, Novoselov K S. The rise of graphene [J]. Nat Mater, 2007, 6 (3): 183 - 191.

[3] Zhang Z, Penev E S, Yakobson B I. Two-dimensional boron: structures, properties and applications [J]. Chem Soc Rev, 2017, 46(22): 6746 - 6763.

[4] Boustani I. Systematic ab initio investigation of bare boron clusters: Determination of the geometryand electronic structures of B_n (n = 2~14) [J]. Phys Rev B, 1997, 55(24): 16426 - 16438.

[5] Zhai H J, Kiran B, Li J, et al. Hydrocarbon analogues of boron clusters - planarity, aromaticity and antiaromaticity [J]. Nat Mater, 2003, 2(12): 827 - 833.

[6] Evans M H, Joannopoulos J D, Pantelides S T. Electronic and mechanical properties of planar and tubular boron structures [J]. Phys Rev B, 2005, 72(4): 045434 - 045439.

[7] Tang H, Ismail-Beigi S. Novel precursors for boron nanotubes: the competition of two-center and three-center bonding in boron sheets [J]. Phys Rev Lett, 2007, 99(11): 115501 - 115504.

[8] Wu X, Dai J, Zhao Y, et al. Two-dimensional boron monolayer sheets [J]. ACS Nano, 2012, 6(8): 7443 - 7453.

[9] Penev E S, Bhowmick S, Sadrzadeh A, et al. Polymorphism of two-dimensional boron [J]. Nano Lett, 2012, 12(5): 2441 - 2445.

[10] Zhou X F, Dong X, Oganov A R, et al. Semimetallic two-dimensional boron allotrope with massless Dirac fermions [J]. Phys Rev Lett, 2014, 112(8): 085502 - 085505.

[11] Mannix A J, Zhou X F, Kiraly B, et al. Synthesis of borophenes: Anisotropic, two-dimensional boron polymorphs [J]. Science, 2015, 350(6267): 1513 - 1516.

[12] Feng B, Zhang J, Zhong Q, et al. Experimental realization of two-dimensional boron sheets [J]. Nat Chem, 2016, 8(6): 563 - 568.

[13] Mannix A J, Zhang Z, Guisinger N P, et al. Borophene as a prototype for synthetic 2D materials development [J]. Nat Nanotechnol, 2018, 13(6): 444 - 450.

[14] Zhang Z, Yang Y, Penev E S, et al. Elasticity, flexibility, and ideal strength of borophenes [J]. Adv Funct Mater, 2017, 27(9): 1605059 - 1605059.

[15] Lee C, Wei X, Kysar J W, et al. Measurement of the elastic properties and intrinsic strength of monolayer graphene [J]. Science, 2008, 321(5887): 385 - 388.

[16] Topsakal M, Cahangirov S, Ciraci S. The response of mechanical and electronic properties of graphane to the elastic strain [J]. Appl Phys Lett, 2010, 96(9): 091912 - 091915.

[17] Feng B, Sugino O, Liu R Y, et al. Others. Dirac fermions in borophene [J]. Phys Rev Lett, 2017, 118(9): 096401 - 096406.

[18] Ezawa M. Triplet fermions and Dirac fermions in borophene [J]. Phys Rev B, 2017, 96(3): 035425 - 035432.

[19] Huang Y, Shirodkar S N, Yakobson B I. Two-dimensional boron polymorphs for visible range plasmonics: a first-principles exploration [J]. J Am Chem Soc, 2017, 139(47): 17181 - 17185.

[20] Neto A H C, Guinea F, Peres N M R, et al. The electronic properties of graphene [J]. Rev Mod Phys, 2009, 81(1): 109 - 162.

[21] Li X B, Xie S Y, Zheng H, et al. Boron based two-dimensional crystals: theoretical design, realization proposal and applications [J]. Nanoscale, 2015, 7 (45): 18863 - 18871.

[22] Kong L, Wu K, Chen L. Recent progress on borophene: growth and structures [J]. Front Phys, 2018, 13(3): 138105 - 138115.

[23] Zhang Z, Shirodkar S N, Yang Y, et al. Gate-voltage control of borophene structure formation [J]. Angew Chem Int Ed, 2017, 129 (48): 15623 -15628.

[24] Shirodkar S N, Penev E S, Yakobson B I. Honeycomb boron: alchemy on aluminum pan? [J]. Science Bulletin, 2018, 63(5): 270 - 271.

[25] Li W, Kong L, Chen C, et al. Experimental realization of honeycomb borophene [J]. Science Bulletin, 2018, 63(5): 282 - 286.

[26] Klimeck G, Bowen R C, Boykin T B, et al. Si tight-binding parameters from genetic algorithm fitting [J]. Superlattices Microstruct, 2000, 27(2 - 3): 77 - 88.

[27] Slater J C, Koster G F. Simplified LCAO method for the periodic

potential problem [J]. Phys Rev, 1954, 94(6): 1498 - 1524.

[28] Soler J M, Artacho E, Gale J D, et al. The SIESTA method for ab initio order-*N* materials simulation [J]. J Phys: Condens Matter, 2002, 14(11): 2745 - 2780.

[29] Perdew J P, Burke K, Ernzerhof M. Generalized gradient approximation made simple [J]. Phys Rev Lett, 1996, 77(18): 3865 - 3868.

[30] Hamann D R, Schluter M, Chiang C. Norm-conserving pseudopotentials [J]. Phys Rev Lett, 1979, 43(20): 1494 - 1497.

[31] Reich S, Maultzsch J, Thomsen C, et al. Tight-binding description of graphene [J]. Phys Rev B, 2002, 66(3): 035412 - 035416.

[32] Kundu R. Tight-binding parameters for graphene [J]. Mod Phys Lett B, 2011, 25(03): 163 - 173.

[33] Tran V T, Saint-Martin J, Dollfus P, et al. Third nearest neighbor parameterized tight binding model for graphene nano-ribbons [J]. AIP Adv, 2017, 7(7): 075212 - 075223.

[34] Nelder J A, Mead R. A simplex method for function minimization [J]. Comput J, 1965, 7(4): 308 - 313.

[35] Sandu T. Optical matrix elements in tight-binding models with overlap [J]. Phys Rev B, 2005, 72(12): 125105 - 125110.

[36] Voon L C L Y, Ram-Mohan L R. Tight-binding representation of the optical matrix elements: theory and applications [J]. Phys Rev B, 1993, 47(23): 15500 - 15508.

7.2 单层蓝磷烯 COMPASS 力场的构建

7.2.1 蓝磷烯研究概述

近十年来人们对二维(2D)材料的兴趣显著提高[1],主要是因为自从二维石墨烯被成功剥离以来[2],石墨烯出色的物理和化学性质[3]极大地激发了研究者扩展二维材料家族的实验和理论研究[1]. 除了碳材料外,磷族元素也同样具有非常多的二维和三维同素异形体[4],因此备受研究者的关注. 2014 年,国内外几个研究组[5-7]几乎同时获得了单层或多层黑磷薄片(后被命名为磷烯[6]).不同于石墨烯的是这些薄层黑磷烯都是直接带隙半导体,其载流子迁移率最高可达 1 000 $cm^2/(V \cdot s)$[5],并且黑磷烯的很多物理性质都表现出各向异性[7-10],比如载流子迁移[8]、热导率[9]和光学性质[7]等. 虽然黑磷烯拥有众多优越的物性,但其最大的缺点是在自然条件下极易氧化,结构容易被破坏[11].

除了黑磷烯之外,Zhu 等人[12]理论上预测了另一种与黑磷烯能量稳定性非常接近的二维磷烯同素异形体,即蓝磷烯.蓝磷烯的几何结构非常类似于硅烯,特别是表面修饰后的蓝磷烯能够展现出非常多的演生现象,比如通过应变调控蓝磷烯氧化物可以使其发生电子结构的量子相变,产生自旋为 1 的费米子和外尔费米子[13].此外,通过氢化表面,蓝磷烯电子能带可以出现 Dirac 锥形结构[14].后续的研究发现特别是在自旋轨道耦合作用下,氢化二维磷族纳米片中原本简并的 Dirac 锥打开中等大小的带隙,并且其本征载流子可以提高至少 1 000 倍,近乎与石墨烯的迁移率相媲美[15].虽然磷烯展现出非常多优秀的电子和光学性质,但该二维材料的实验合成仍然面临着较大的困难.对于黑磷烯,目前主要从体相黑磷中剥离得到[5,16],而六方结构的蓝磷烯与金属密堆积表面的对称性符合得较好,因而部分研究组正尝试利用金属表面来外延生长蓝磷烯[17−19],蓝磷烯的成功合成必定能够极大地促进该材料的实际应用.

理论研究方面,密度泛函理论已被广泛用来研究低维材料的物理化学性质,尽管该方法有着非常好的精确度,但是对应大尺度和长时间的动力学模拟往往需要耗费大量的计算资源和时间,成本非常高.针对这个缺陷,理论上通常可以基于密度泛函理论的计算结果来构建原子间作用势,进而开展高效的分子动力学模拟,基于模拟结果能够来理解大尺度材料的物性和动力学性质.当然分子动力学模拟的精度主要取决于原子作用势/力场的精度,因此构建高精度的力场是目前的研究方向之一.对于黑磷烯来说,Kaneta 等人曾采用价键力场模型构建了磷原子间作用势,最近Jiang[20]、Midtvedt[21]和 Hackney[22]等人采用更为精确的第一性原理计算结果进一步优化了该力场.此外,Jiang 和 Xu 等人还采用 Stillinger-Weber 型力场参数化了黑磷烯中磷原子间的作用势,而 Xiao 等人[23]则发展了更为复杂的 ReaxFF 型黑磷烯力场.由此可见,对于黑磷烯,目前有着丰富的经验力场[20,23,24]可以用于模拟,而针对蓝磷烯的力场则非常匮乏,因此,我们拟基于密度泛函理论的计算结果通过遗传算法等优化方法来获得蓝磷烯的 COMPASS 型力场参数[25].

首先计算了蓝磷烯在单轴和双轴应变下的应变能、弯曲能和声子谱,基于这些结果,利用遗传算法结合单纯形法优化了 COMPASS 力场的参数,得到了力场参数能够非常好地重复出应变能、弯曲能和声子谱等物理性质.与密度泛函理论计算结果的高度一致性,证明了我们的力场参数的精度,该高精度的力场模型可以应用于大尺度蓝磷烯的模拟,特别是长时间尺度的动力学性质模型.

7.2.2　密度泛函理论计算方法

本研究中所有的第一性原理计算均使用 VASP[26]完成,其中电子之间的交换关联相互作用采用由 Perdew、Burke 和 Ernzerhof 等人提出的广义梯度近似交换相关函数(PBE)[27].而电子和离子之间的相互作用采用投影缀加波赝势去描述(PAW)[28].电子波函数用平面波基函数来展开,截止能量设置为 500 eV.对于布里渊区积分,我们采用 $25 \times 25 \times 1$ k 点网格进行离散采样. 晶格常数和离子的位置均进行了充分的弛豫, 直到作用在每个原子上的残余力小于 1.0×10^{-3} eV/Å. 然后, 我们构建了如图 7.2-1 所示的矩形晶胞. 为了获得应变能来计算拉伸刚度, 我们通过改变晶格常数的方法沿锯齿方向和扶手椅方向施加了 $-5\% \sim 5\%$ 的双轴应变. 而对于弯曲刚度的计算, 我们把扁平的磷族二维纳米片卷曲成管状, 对于纳米管结构弛豫过程和能量计算, 我们沿周期性方向用 15 个 k 点对布里渊区进行了采样. 声子谱的计算采用 phonopy 软件包[29]中的实空间有限位移方法来完成, 其中力场数的计算基于 5×5 的超元胞.

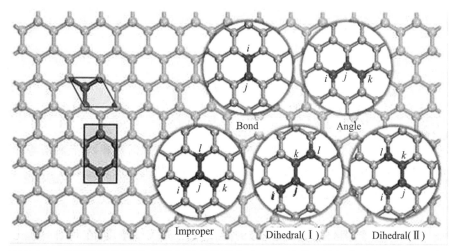

图 7.2-1　蓝磷烯的俯视图. 菱形和矩形分别表示 DFT 计算中使用的元胞和方形晶胞. 五个圆形内嵌中的深色球显示了 COMPASS 力场中考虑的键、角度、非正规二面角和二面角相互作用

7.2.3　力场参数优化方法

COMPASS[25,30]模型具有复杂形式, 非常适合描述凝聚相材料中原子间相互作用的力场. 如附录所述, 该模型大约需要 20 个参数来描述蓝磷烯原子间的相互作用, 如此多的变量数目给参数搜索和优化带来了巨大的技术挑战. 幸运的是, 目前模拟生物系统自然进化的随机方法, 即遗传算法 (GA)[31], 能够实现参数的全局优化. 而传统的基于梯度的优化方法, 如梯度下降和共轭梯度, 适用于初始参数已经接近最佳解, 并且目标函数的超平面不粗糙的情况. 另外, 传统方法的计算成本也随着参数空间维数的增加呈指数增长. 而启发式搜索算法, 如遗传算法, 能够在参数中迅速找到最优解区域. 因此, 这两种方法的结合将是参数化的有效策略.

在遗传算法的实现中, 我们初始化了一个拥有 200 个个体的群体, 每个个体都有一条以实数编码的参数 (K) 作为基因的染色体, 比如说第 i 个个体/成员的染色体有 n 个参数, $C_i = K_i^1 \cdots K_i^n$. 然后, 我们评估每个个体的适应度或目标函数 (f), 它被定义为训练集 (包括结构 m 的应变能 E、波矢量 k 和极化 n 的声子频率 ω) 中 DFT 计算结果和 COMPASS 计算结果差异加权平方负值的指数，具体定义如下：

$$-\ln f = \frac{W_{\text{strain}}}{N_{\text{train}}} \sum_m (E_m - E_m^{\text{DFT}})^2 + \frac{W_{\text{freq}}}{N_{\text{freq}}} \sum_{n,k} (\omega_{nk} - \omega_{nk}^{\text{DFT}})^2 \qquad (7.2\text{-}1)$$

其中 W_{strain} 和 W_{freq} 分别是权重参数，而 N_{train} 和 N_{freq} 分别是训练集中双轴应变结构和声子模式的总数.

接下来，我们采用锦标赛选择算法选择两个个体作为父母，通过交叉操作产生两个新的个体. 例如，让 C_1 和 C_2 是一对父母：

$$C_1 = K_1^1 \cdots K_1^j \cdots K_1^n \qquad (7.2\text{-}2)$$
$$C_2 = K_2^1 \cdots K_2^j \cdots K_2^n \qquad (7.2\text{-}3)$$

然后，我们在一个随机选择的地点，比如第 j 个位点，混合这两个个体，得到新一代的两个个体：

$$C_1{}' = K_1^1 \cdots K_1^{j'} \cdots K_1^n \qquad (7.2\text{-}4)$$
$$C_2{}' = K_2^1 \cdots K_2^{j'} \cdots K_2^n \qquad (7.2\text{-}5)$$

其中 $K_1^{j'} = wK_1^j + (1-w)K_2^j$ 和 $K_2^{j'} = wK_2^j + (1-w)K_1^j$，$w$ 是一个在 $(0,1)$ 区间内均匀分布随机数.

如果我们只对整个种群迭代执行交叉操作，种群将逐渐饱和，导致种群多样性缺乏. 为了避免这个缺陷，我们还引入了突变操作，通过随机选择染色体的一个位点（比如第 j 个位点）并人为调整该参数值，即

$$x_i^{j'} = x_i^j + r\Delta \qquad (7.2\text{-}6)$$

其中 r 是 $(-0.5, 0.5)$ 区间内均匀分布的随机数；Δ 是突变幅度，在我们的优化中选择为 0.1. 在交叉和变异之后，新旧解决方案中最好的 200 个个体被保留下来，用于下一步的进化.

整个过程迭代地进化了几百步，直到最好的个体在足够多的进化步骤里没有发生改变才结束. 遗传算法进化后，我们以方程(7.2-1)右侧的平方误差为目标函数，通过单纯形法进一步在遗传算法所得到的最优解区域优化参数.

7.2.4 蓝磷烯的结构性质

单层蓝磷烯具有褶皱的六边形蜂窝结构，对称性点群为 D_{3d}，其结构参数如表 7.2-1 所示. 经过充分优化后，我们发现蓝磷烯的晶格常数为 3.278 Å（表 7.2-1）；三个最近邻原子之间的键角为 92.913°，即 1.622 弧度. 而屈曲高度，即两个子层之间的垂直距离为 1.237 Å. 非正规二面角角度为 93.069°，即 1.624 弧度. 而四个原子 (i,j,k,l) 构成的两类传统二面角中，Ⅰ型二面角（见图 7.2-1 中的插图）的角度为 180°，Ⅱ型二面角约为 86.931°. 通过结合遗传算法和单纯形法以及大量的 DFT 计算结果作为训练集，我们获得了适合蓝磷烯的最优 COMPASS 力场参数（表 7.2-2）. 下面我们将采用优化后的 COMPASS 力场来计算弹性性质和振动性质，以验证我们优化的参数的精确度.

表 7.2-1 优化单层蓝磷烯的结构参数

结构参数	值	结构参数/rad	值
$a/\text{Å}$	3.278	非正规二面角 χ_0	1.624
$d/\text{Å}$	1.237	二面角 $\varphi_0(\text{I})$	3.141
$r_0/\text{Å}$	2.261	$\varphi_0(\text{II})$	1.517
θ_0/rad	1.622		

表 7.2-2 优化力场参数

参数	值	参数	值
K_b^2	4.220	K_b^3	-21.533
K_b^4	27.547	K_a^2	0.310
K_a^3	-8.021	K_a^4	35.650
K_{bb}	0.975	K_{ba}	0.502
K_i	9.091	K_{aa}	-3.663
$K_d^1(\text{I})$	11.914	$K_d^2(\text{I})$	2.087
$K_d^3(\text{I})$	-2.369	$K_{aat}(\text{I})$	-0.626
$K_{bb13}(\text{I})$	0.289	$K_d^1(\text{II})$	8.817
$K_d^2(\text{II})$	-1.633	$K_d^3(\text{II})$	3.149×10^{-4}
$K_{aat}(\text{II})$	-5.254	$K_{bb13}(\text{II})$	0.174

7.2.5 蓝磷烯的弹性性质

接下来,我们转向表征蓝磷烯的弹性性质.如图 7.2-2(a)至图 7.2-2(c)所示,我们将参数化后的 COMPASS 力场预测的蓝磷烯的应变能与相应的 DFT 结果放在一起进行比较.在所有三种类型的形变中,即在[$-5\%,5\%$]范围内沿锯齿方向和扶手椅方向施加的单轴应变和等双轴应变,从经验力场获得的应变能可以完美匹配 DFT 模拟的结果.此外,我们还直接绘制了二维应变能等高线图以全面对比表征力场和 DFT 的计算结果,总的来说,两者给出的应变能分布符合得非常好.在以前的许多研究[20,21,32]中,大部分只考虑在平衡态附近较窄应变范围内的应变能或仅仅考虑平衡时的内聚能作为优化目标,显然我们的 COMPASS 模型能够在更大范围内精确描述应变能与应变的关系,这是 COMPASS 力场的优势.

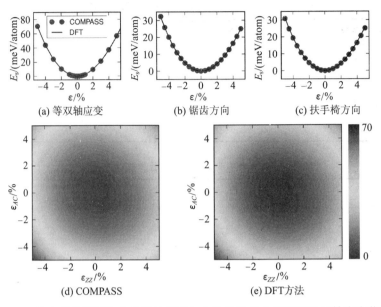

(a) 等双轴应变 (b) 锯齿方向 (c) 扶手椅方向

(d) COMPASS (e) DFT方法

图 7.2-2 三种应变作用下的应变能与应变大小的关系和计算得到的双轴应变能等高线图, 其中图(e)直接改编自文献

在没有剪切变形的双轴载荷下,应变能密度(单位面积应变能)可以近似表示为

$$E_s = \frac{1}{2} a_1 \varepsilon_{xx}^2 + \frac{1}{2} a_2 \varepsilon_{yy}^2 + a_3 \varepsilon_{xx}\varepsilon_{yy} \tag{7.2-7}$$

其中,ε_{xx} 和 ε_{yy} 分别对应于沿锯齿方向和扶手椅方向施加的应变. 由蓝磷烯的高度对称性可知,系数 a_1 和 a_2 相等,即 $a_1 = a_2 = hC_{11}$,$a_3 = hC_{12}$,C 为弹性刚度张量. 显然系数 a_1 和 a_2 分别为锯齿方向和扶手椅方向的单轴拉伸刚度. 基于式(7.2-7)来拟合 COMPASS (DFT)方法获得的应变能数据,我们可以获得最优的参数 a_1 和 a_3 值, 拟合结果发现 a_1 和 a_3 分别为 4.863 eV/Å^2 和 0.521 eV/Å^2.

在我们获得参数 a_1 和 a_3 之后,泊松比可以直接计算得到,$\nu = a_3/a_1$,蓝磷烯泊松比的计算结果为 0.107,并且 DFT 和 COMPASS 方法得到的数值是一样的. 此外, 蓝磷烯的杨氏模量可表示为 $Y = \dfrac{C_{11}^2 - C_{12}^2}{hC_{11}}$. 然而对于仅有几个原子层厚度的二维材料来说,厚度 h 通常是一个定义比较模糊的结构参量[33]. 为了避免这种困难,我们转而关注二维杨氏模量,即 $Y_{2D} = hY$,DFT 和 COMPASS 方法给出的估计值均为 4.807 eV/Å^2. 类似地,二维剪切模量 G_{2D} 可以定义为 $G_{2D} = \dfrac{C_{11} - C_{12}}{2}$. 这两种方法导致量 G_{2D} 值相同,即 2.171 eV/Å^2. 因此,通过比较拉伸刚度、泊松比、二维杨氏模量和剪切模量(表 7.2-3),我们可以定量地确认遗传算法优化得到的 COMPASS 参数能够精确地描述蓝磷烯的所有拉伸弹性性质.

表 7.2-3　单层蓝磷烯的力学和动力学性质

性质	COMPASS	DFT	单位
泊松比 ν	0.107	0.107	
应变能参数 a_1	4.863	4.863	eV/Å^2
应变能参数 a_3	0.521	0.521	eV/Å^2
弯曲刚度 D	0.690	0.747	eV
二维杨氏模量 Y_{2D}	4.807	4.807	eV/Å^2
二维剪切模量 G_{2D}	2.171	2.171	eV/Å^2
TA 声子模式的声速 v_{TA}	55.077	55.077	Å/ps
LA 声子模式的声速 v_{LA}	80.779	80.779	Å/ps
a_1'	4.503	4.503	eV/Å^2
a_3'	2.093	2.093	eV/Å^2
D'	0.966	1.007	eV

注:带撇号的项对应于从声子色散中提取的结果,而不带撇号的项为直接从应变能计算中得到的结果

　　接下来,我们将表征 COMPASS 力场在描述蓝磷烯的弯曲特性方面的性能.图 7.2-3(a)和图 7.2-3(b)显示了蓝磷烯卷曲而成的纳米管的弯曲能量与纳米管曲率的关系.从图中可以清晰地看出,COMPASS 与 DFT 给出的弯曲能数据几乎一致,基于线弹性理论,弯曲能量与曲率的关系为

$$E_{\mathrm{b}} = \frac{1}{2} D \kappa^2 \tag{7.2-8}$$

其中,D 为弯曲刚度,其具体数值可以利用公式(7.2-8)来拟合图 7.2-3(a)和图 7.2-3(b)中的数据获得.对于 COMPASS 和 DFT 计算结果的拟合,给出的弯曲刚度分别为 0.690 eV 和 0.747 eV,二者之间相差 7%.

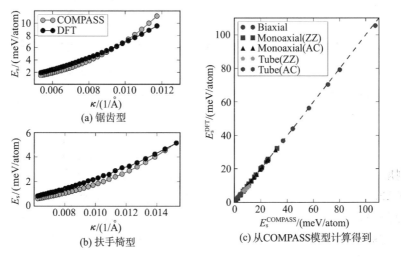

图 7.2-3　蓝磷烯纳米管弯曲能与曲率的关系以及其应变能和弯曲能与相应 DFT 结果的比较

图 7.2-3(c)直接比较了所有训练集的应变能和弯曲能,所有数据点几乎都位于对角线附近,表明两个数据集之间的差异非常微小,大约为 10^{-4} eV/atom. 这直接反映了我们优化的 COMPASS 力场的高精度性.

7.2.6　蓝磷烯的振动性质

图 7.2-4 显示了用 COMPASS 模型计算的整个声子谱,以及用 DFT 方法计算得到的声子色散关系. 总的来说,从我们的 COMPASS 模型得到的声子色散与 DFT 结果相比非常一致,除了靠近布里渊区边界的声子有相对较大的差异之外. 在力场参数的优化过程中,我们主要关注的是靠近布里渊区中心的低声子模式,因为这些模式在低温下很容易激活并影响蓝磷烯的许多动力学性质,如导热性. 声子的三个低频声学分支几乎与从密度泛函理论计算得到的一致. 例如,根据我们的 COMPASS 模型给出的纵向和横向声速,即纵向和横向声学(分别简称为 LA 和 TA)声子色散在 Γ 点的斜率分别为 80.779 Å/ps 和 55.077 Å/ps,与 DFT 方法直接计算声子谱得到的结果几乎相同(表 7.2-3).

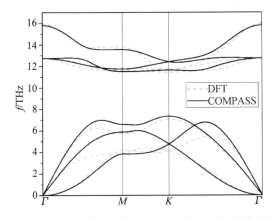

图 7.2-4　用优化的 COMPASS 力场(实线)和 DFT 方法(虚线)计算得到的声子色散关系

对于面外声学声子模式,其频率与波矢呈抛物线形依赖关系,这是 2D 材料的典型特征. Γ 点附近的面外声学模式的频率可以近似地由下式给出:

$$\omega^2 = \frac{D}{\rho_{2D}} k^4 \qquad (7.2-9)$$

其中,ρ_{2D} 为质量面密度. 通过拟合 COMPASS 模型的声子谱,式(7.2-9)可以估计出弯曲刚度约为 0.966 eV;而密度泛函方法得到的声子谱给出的值为 1.007 eV. 尽管 COMPASS 结果与 DFT 结果非常接近,但这两个值都大于直接从纳米管弯曲能中提取的值,如 0.747 eV. 此外,我们的结果也略大于 Zhu 等人[12]报道的数值,即 0.84 eV. 这种差异可能是由于 ZA 声子频率不准确造成的. 接近布里渊区中心时,ZA 模的频率非常小,所以,很难得到非常准确的结果. 例如,在很多 2D 材料的计算模拟研究中,ZA 声子的色散甚至不满足对波矢量的二次依赖关系.虽然 Carrete 等人[34]提出了一种从误差较大的力常数中正确再现 ZA 声子色散抛物线形状的合理方法,但校正频率的准确性并没有得到保证.

面内声学声子模的色散也能反映面内弹性性质,即 LA 和 TA 的声速分别由拉伸刚度和 2D 剪切模量(G_{2D})决定.根据连续弹性理论,$v_{LA} = \sqrt{\dfrac{a_1}{\rho_{2D}}}$ 和 $v_{TA} = \sqrt{\dfrac{G_{2D}}{\rho_{2D}}}$,拉伸刚度 a_1 和剪切模量 G_{2D} 分别为 $4.503\ \text{eV/Å}^2$ 和 $2.093\ \text{eV/Å}^2$.这两个量与我们直接从 DFT 和 COMPASS 计算中获得的结果非常接近.

7.2.7 分子动力学模拟

既然获得了优化的力场参数,我们进一步对一个尺寸为 $65.56 \times 68.13\ \text{Å}^2$ 的系统进行了分子动力学(MD)模拟.运动方程采用速度 Verlet 法积分得到,积分的时间步长为 0.1 fs.每个原子的初始速度随机设置,其平均值对应于 300 K 的温度.然后我们对该系统进行总步数为 3×10^6 步的微正则系综分子动力学模拟.模拟过程中总能量、动能和势能的分布如图 7.2-5(a)所示.总能量在整个模拟过程中保持不变,这验证了我们的力场模型中力计算的准确性.根据最后 2×10^6 步的速度数据,我们计算了速度自相关函数(VACF).对于 VACF 进行傅里叶变换,即可得到声子态密度,我们比较了该态密度与直接从晶格动力学计算得到的声子态密度.如图 7.2-5(b)所示,从分子动力学模拟中获得的 DOS 可以与从晶格动力学计算中提取的 DOS 符合得非常好.

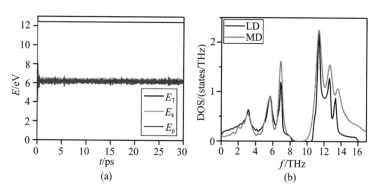

图 7.2-5　(a)总能量(E_T)、动能(E_k)和势能(E_p)与模拟时间的变化关系;(b)从晶格动力学(LD)和分子动力学模拟获得的声子态密度

7.2.8 结论

综上所述,我们基于 DFT 计算结果参数化了单层蓝磷烯的 COMPASS 力场模型,以双轴拉伸应变能、蓝磷烯纳米管弯曲能和声子色散关系作为训练集.对于力场参数优化,我们采用两阶段策略,即结合遗传算法和单纯形法,获得高精度的力场参

数. 此外,我们用优化后的 COMPASS 力场模型计算了蓝磷烯的应变能和弯曲能以及声子色散关系,通过比较拉伸刚度、泊松比、二维杨氏模量和剪切模量与密度泛函理论的结果,我们确认优化后的参数集可以非常准确地再现蓝磷烯的拉伸力学性质. 在弯曲性能方面,我们的模型预测的弯曲刚度比离散傅立叶变换预测的要小 7% 左右. 除静态力学性质外,我们还将参数化后力场模型计算的声子色散与密度泛函计算的声子色散进行了比较. 总的来说,COMPASS 模型的声子色散与 DFT 结果一致,特别是对于 Γ 点附近的声子模式,这对于描述蓝磷烯的许多动力学性质非常重要,如热导率和声速,因此,COMPASS 模型给出的 TA 和 LA 模式声速与 DFT 结果吻合得较好. 由于声子谱也是材料力学性质的直接反映,由 TA 和 LA 模式的声速推导出的拉伸刚度和剪切模量与我们直接从 DFT 计算得到的结果非常接近. 此外,基于我们的 COMPASS 模型开展的分子动力学模拟中提取的声子态密度也可以很好地匹配直接晶格动力学计算中提取的声子态密度. 总之,这些基准测试验证了我们给出的 COMPASS 模型参数的高精度. 因此,我们的模型将有助于今后研究蓝磷烯基材料的静态和动态性质. 此外,我们的结果证明了遗传算法在力场参数训练中的有效性和准确性,为构建二维材料力场数据库提供了可能.

7.2.9　附录　COMPASS 模型

COMPASS 型力场非常适合应用于凝聚态体系,该力场描述的总能量(E_T)可以表示为各种成键相互作用能量的和,包括直接的共价键(E_B)、键角(E_A)、二面角(E_D)和非正规二面角等相互作用类型(E_I)[25,30]:

$$E_T = \sum E_B + \sum E_A + \sum E_I + \sum E_D \tag{7.2-10}$$

该力场中能量、长度和键角的单位分别取为 eV、Å、rad.

一个原子对(i, j)直接的共价键相互作用能量(E_B)可以简单表示为键长 r 的函数[30]:

$$E_B = K_b{}^2 (r - r_0)^2 + K_b{}^3 (r - r_0)^3 + K_b{}^4 (r - r_0)^4 \tag{7.2-11}$$

式中,r 为原子 i 和 j 之间的键长,平衡键长为 r_0;K 为力场参数,不同的力场参数类型用上标和下标加以区分.

对于三个原子(i, j, k)之间键角相互作用能,假设 j 为顶角原子,那么该键角贡献的能量表示为直接的键角相互作用能(E_a)、键—键相互作用能(E_{bb})、键—键角相互作用能(E_{ba})[30]:

$$E_A = E_a + E_{bb} + E_{ba} \tag{7.2-12}$$

上面的公式中,等号右边三项可以分别表示为[30]

$$E_a = K_a{}^2 (\theta - \theta_0)^2 + K_a{}^3 (\theta - \theta_0)^3 + K_a{}^4 (\theta - \theta_0)^4 \tag{7.2-13}$$

$$E_{bb} = K_{bb}(r_{ij} - r_0)(r_{jk} - r_0) \tag{7.2-14}$$

$$E_{ba} = K_{ba}(r_{ij} - r_0)(\theta - \theta_0) + K_{ba}(r_{jk} - r_0)(\theta - \theta_0) \tag{7.2-15}$$

式中，θ 为键 $i-j$ 和键 $j-k$ 之间的夹角，θ_0 为该夹角在蓝磷烯处于平衡态时的键角.

对于四个原子 (i,j,k,l) 之间形成的非正规二面角，假设 j 为中心原子，i、k 和 l 为 j 原子的近邻原子，非正规二面角对总能量的贡献可以表示为直接非正规二面角相互作用能 (E_i) 和键角－键角相互作用能的和 (E_{aa})：

$$E_1 = E_i + E_{aa} \tag{7.2-16}$$

其中 E_i 和 E_{aa} 可以分别表示为[30]

$$E_i = K_i\left[\frac{1}{3}(\chi_{ijkl} + \chi_{kjli} + \chi_{ljik}) - \chi_0\right]^2 \tag{7.2-17}$$

$$E_{aa} = K_{aa}\left[(\theta_{ijk} - \theta_0)(\theta_{kjl} - \theta_0) + (\theta_{ijk} - \theta_0)(\theta_{ijl} - \theta_0) + (\theta_{ijl} - \theta_0)(\theta_{kjl} - \theta_0)\right] \tag{7.2-18}$$

式(7.2-17)中 χ_{ijkl} 代表由原子 (i, j, k) 构成的平面与 (j, k, l) 构成的平面之间的二面角，χ_{kjli} 和 χ_{ljik} 的含义可以依此类推，χ_0 为蓝磷烯平衡态时非正规二面角的值.

总能量最后一部分贡献来自四个原子 (i, j, k, l) 形成的正规二面角相互作用，该部分能量可以分解为直接二面角相互作用能 (E_d)、键角－键角－扭转能 (E_{aat})、键 $1(i-j)$－键 $3(k-l)$ 相互作用能 (E_{bb13})，即

$$E_D = E_d + E_{aat} + E_{bb13} \tag{7.2-19}$$

这三项可以展开为以下形式[30]：

$$E_d = \sum_{i=1}^{3} K_d^i[1 - \cos(i(\varphi - \varphi_0))] \tag{7.2-20}$$

$$E_{aat} = K_{aat}(\theta_{ijk} - \theta_0)(\theta_{jkl} - \theta_0)\cos\varphi \tag{7.2-21}$$

$$E_{bb13} = K_{bb13}(r_{ij} - r_0)(r_{kl} - r_0) \tag{7.2-22}$$

其中，φ 为原子 (i,j,k) 构成的平面与原子 (j,k,l) 构成的平面之间的二面角，φ_0 为该二面角平衡态时的值. 需要注意的是，我们这里忽略了键 2－扭转、键角－扭转等相互作用项，原因在于我们所考虑的项已经足够好地描述蓝磷烯原子间的相互作用，并且这些相互作用项主要适用于描述类似石墨烯纯平的结构.

为了定性测试我们所考虑的相互作用项是合理的，我们利用第一性原理直接计算了二阶力常数，进而对原子间力常数的对角项求和，二阶力常数能够较好地反映原子间相互作用的强弱. 将力常数对角项和以及与原子间距离的关系绘制于图 7.2-6 中，从图 7.2-6 中我们可以发现二阶力常数大致随着原子间距离的增大而迅速衰减，特别是当原子间距离超过第一类二面角中两端原子的距离之后，力常数近乎可以忽略，并且该力常数是键角相互作用中原子间力常数的两倍. 该现象说明在蓝磷烯力场中考虑二面角相互作用的重要性，也说明我们考虑的相互作用项是合理的.

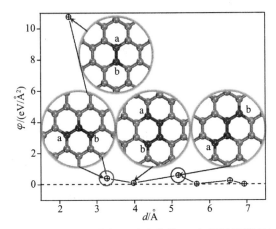

图 7.2-6　原子 a 和原子 b 之间二阶力常数(φ)与原子间距离(d)的关系

参考文献

[1] Mounet N, Gibertini M, Schwaller P, et al. Two-dimensional materials from high-throughput computational exfoliation of experimentally known compounds [J]. Nat Nanotechnol, 2018, 13(3): 246 - 252.

[2] Novoselov K S, Geim A K, Morozov S V, et al. Electric field effect in atomically thin carbon films [J]. Science, 2004, 306(5696): 666 - 669.

[3] Neto A C, Guinea F, Peres N M, et al. The electronic properties of graphene [J]. Rev Mod Phys, 2009, 81(1): 109 - 162.

[4] Wu M, Fu H, Zhou L, et al. Nine new phosphorene polymorphs with non-honeycomb structures: a much extended family [J]. Nano Lett, 2015, 15(5): 3557 - 3562.

[5] Li L, Yu Y, Ye G J, et al. Black phosphorus field-effect transistors [J]. Nat Nanotechnol, 2014, 9(5): 372 - 377.

[6] Liu H, Neal A T, Zhu Z, et al. Phosphorene: an unexplored 2D semiconductor with a high hole mobility [J]. ACS nano, 2014, 8(4): 4033 - 4041.

[7] Xia F, Wang H, Jia Y. Rediscovering black phosphorus as an anisotropic layered material for optoelectronics and electronics [J]. Nat Commun, 2014, 5(1): 4458 - 4463.

[8] Fei R, Faghaninia A, Soklaski R, et al. Enhanced thermoelectric efficiency via orthogonal electrical and thermal conductances in phosphorene [J]. Nano Lett, 2014, 14(11): 6393 - 6399.

[9] Zhu L, Zhang G, Li B. Coexistence of size-dependent and size-independent thermal conductivities in phosphorene [J]. Phys Rev B, 2014, 90(21): 214302 -

214307.

[10] Lu N，Wei W，Chuai X，et al. Carrier thermoelectric transport model for black phosphorus field-effect transistors [J]. Chem Phys Lett，2017，678(1)：271 –274.

[11] Koenig S P，Doganov R A，Schmidt H，et al. Electric field effect in ultrathin black phosphorus [J]. Appl Phys Lett，2014，104(10)：103106 – 103109.

[12] Zhu Z，Tománek D. Semiconducting layered blue phosphorus：a computational study [J]. Phys Rev Lett，2014，112(17)：176802 – 176805.

[13] Zhu L，Wang S S，Guan S，et al. Blue phosphorene oxide：strain-tunable quantum phase transitions and novel 2D emergent fermions [J]. Nano Lett，2016，16(10)：6548 – 6554.

[14] Sun M，Wang S，Yu J，et al. Hydrogenated and halogenated blue phosphorene as Dirac materials：a first principles study [J]. Appl Surf Sci，2017，392(1)：46 – 50.

[15] Zhu L，Zhang T，Di X，et al. Boosting intrinsic carrier mobility of two-dimensional pnictogen nanosheets by 1000 times via hydrogenation [J]. J Mater Chem C，2019，7(42)：13080 – 13087.

[16] Ambrosi A，Sofer Z，Pumera M. Electrochemical exfoliation of layered black phosphorus into phosphorene [J]. Angew Chem Int Ed，2017，56(35)：10443 – 10445.

[17] Zhang J L，Zhao S，Han C，et al. Epitaxial growth of single layer blue phosphorus：a new phase of two-dimensional phosphorus [J]. Nano Lett，2016，16(8)：4903 – 4908.

[18] Xu J P，Zhang J Q，Tian H，et al. One-dimensional phosphorus chain and two-dimensional blue phosphorene grown on Au(111) by molecular-beam epitaxy [J]. Phys Rev Mater，2017，1(6)：061002 – 061002.

[19] Zhang W，Enriquez H，Tong Y，et al. Epitaxial synthesis of blue phosphorene [J]. Small，2018，14(51)：1804066 – 1804066.

[20] Jiang J W. Parametrization of stillinger-weber potential based on valence force field model：application to single-layer MoS_2 and black phosphorus [J]. Nanotechnology，2015，26(31)：315706 – 315714.

[21] Midtvedt D，Croy A. Valence-force model and nanomechanics of single-layer phosphorene [J]. Phys Chem Chem Phys，2016，18(33)：23312 – 23319.

[22] Hackney N W，Tristant D，Cupo A，et al. Shell model extension to the valence force field：application to single-layer black phosphorus [J]. Phys Chem Chem Phys，2019，21(1)：322 – 328.

[23] Xiao H, Shi X, Hao F, et al. Development of a transferable reactive force field of P/H systems: application to the chemical and mechanical properties of phosphorene [J]. J Phys Chem A, 2017, 121(32): 6135 – 6149.

[24] Kaneta C, Katayama-Yoshida H, Morita A. Lattice dynamics of black phosphorus. I. Valence force field model [J]. J Phys Soc Jpn, 1986, 55(4): 1213 – 1223.

[25] Sun H. COMPASS: an ab initio force-field optimized for condensed-phase applications overview with details on alkane and benzene compounds [J]. J Phys Chem B, 1998, 102(38): 7338 – 7364.

[26] Kresse G, Furthmüller J. Efficient iterative schemes for ab initio total-energy calculations using a plane-wave basis set [J]. Phys Rev B, 1996, 54(16): 11169 – 11186.

[27] Perdew J P, Burke K, Ernzerhof M. Generalized gradient approximation made simple [J]. Phys Rev Lett, 1996, 77(18): 3865 – 3868.

[28] Kresse G, Joubert D. From ultrasoft pseudopotentials to the projector augmented-wave method [J]. Phys Rev B, 1999, 59(3): 1758 – 1775.

[29] Togo A, Tanaka I. First principles phonon calculations in materials science [J]. Scr Mater, 2015, 108(1): 1 – 5.

[30] Sun H, Ren P, Fried J. The COMPASS force field: parameterization and validation for phosphazenes [J]. Comput Theor Polym Sci, 1998, 8(1 – 2): 229 – 246.

[31] Mitchell M. An Introduction to Genetic Algorithms [M]. Cambridge: MIT press, 1998.

[32] Xu W, Zhu L, Cai Y, et al. Direction dependent thermal conductivity of monolayer phosphorene: parameterization of Stillinger-Weber potential and molecular dynamics study [J]. Journal of Applied Physics, 2015, 117(21): 214308 – 214314.

[33] Di X, Zhu L, Zhang T. Effective thickness and mechanical properties of β-phases of two-dimensional pnictogen nanosheets [J]. J Nanopart Res, 2019, 21 (7): 139 – 146.

[34] Carrete J, Li W, Lindsay L, et al. Physically founded phonon dispersions of few-layer materials and the case of borophene [J]. Mater Res Lett, 2016, 4(4): 204 – 211.